海南
海域海岛遥感监测图集
（2013—2017 年）

Remote Sensing Monitoring Atlas of Sea Area and Islands in Hainan

周 涛 王 衍 王同行 **主编**

·青岛·

编制单位

海南省自然资源和规划厅

海南省海洋监测预报中心

自然资源部海南测绘资料信息中心

编委会

主　　编：周　涛　王　衍　王同行

副 主 编：韩远辉　陈文才　涂灵敏

编写成员：洪海凌　孙士超　韩　波

符史勇　张金华　周湘彬

许小贝　谢　恬　王　晶

蔡小青

序

PREFACE

《海南海域海岛遥感监测图集》正式编制成册了。这部图集中收录的成果是由海南省海洋监测预报中心联合国家海洋环境监测中心、国家海洋技术中心、原海南省海洋与渔业厅共同完成的。图集所收录成果内容丰富、形式多样，包含了 2013 年至 2017 年间海南省海域无人机遥感监视监测基地作业团队采集制作的海南岛周边海域海岛遥感影像，累计 174 个飞行日，251 个作业架次，共覆盖本岛周边海域海岛面积 2606 平方千米；包含了海南省在涉海空间管理中的重点海岸带、重点区域规划用海、重点用海项目、典型海岛以及自然灾害等方面的内容。

现在，在海南省自然资源和规划厅指导下，海南省海洋监测预报中心联合自然资源部海南测绘资料信息中心将上述成果凝练成册，其中所汇编的图件、地理要素、数据统计等信息资料可广泛应用于我省海洋经济规划研究、海域海岛监管、海洋环境保护、海洋防灾减灾、海洋经济调查分析等方面，对海洋自然资源管理人员和技术人员都有较高的参考价值。

衷心希望这部凝聚着众多海洋工作者心血的图集面世，能推动海南省海洋自然资源管理工作能力不断提升，并继续迈上新的台阶。

编制说明

INTRODUCTIONS

本图集编制过程中所使用的数据及资料主要来源于以下几个方面：

（一）海南省海洋监测预报中心提供的高分辨率无人机遥感影像。

（二）自然资源部海南测绘资料信息中心提供的海南岛 Landsat8 卫星影像、海南省行政区划图、0.5 米分辨率遥感影像以及 1：50000 地形图数据中的界线、水系、道路、居民地等地理要素。

海南省海洋监测预报中心联合自然资源部海南测绘资料信息中心共同开展本图集编制工作。

目　录

CONTENTS

◆ 序图 ◆

◆ 重点海岸带 ◆

◆ 重点区域规划用海 ◆

◆ 重点用海项目 ◆

◆ 典型海岛 ◆

◆ 自然灾害 ◆

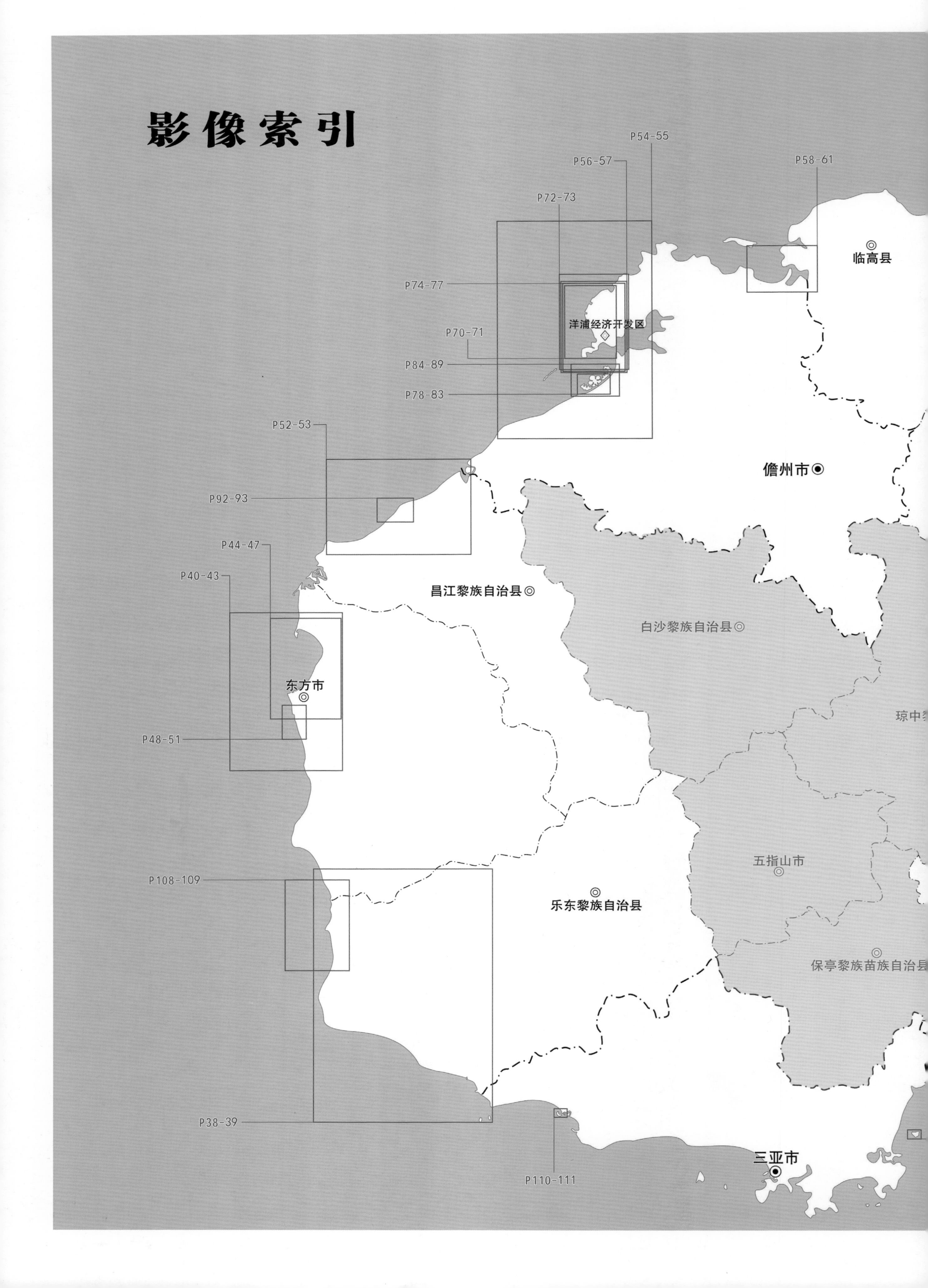
影像索引
P54-55
P56-57
P58-61
P72-73
临高县
P74-77
洋浦经济开发区
P70-71
P84-89
P78-83
P52-53
儋州市
P92-93
P44-47
P40-43
昌江黎族自治县
白沙黎族自治县
东方市
P48-51
五指山市
P108-109
乐东黎族自治县
保亭黎族苗族自治县
P38-39
三亚市
P110-111

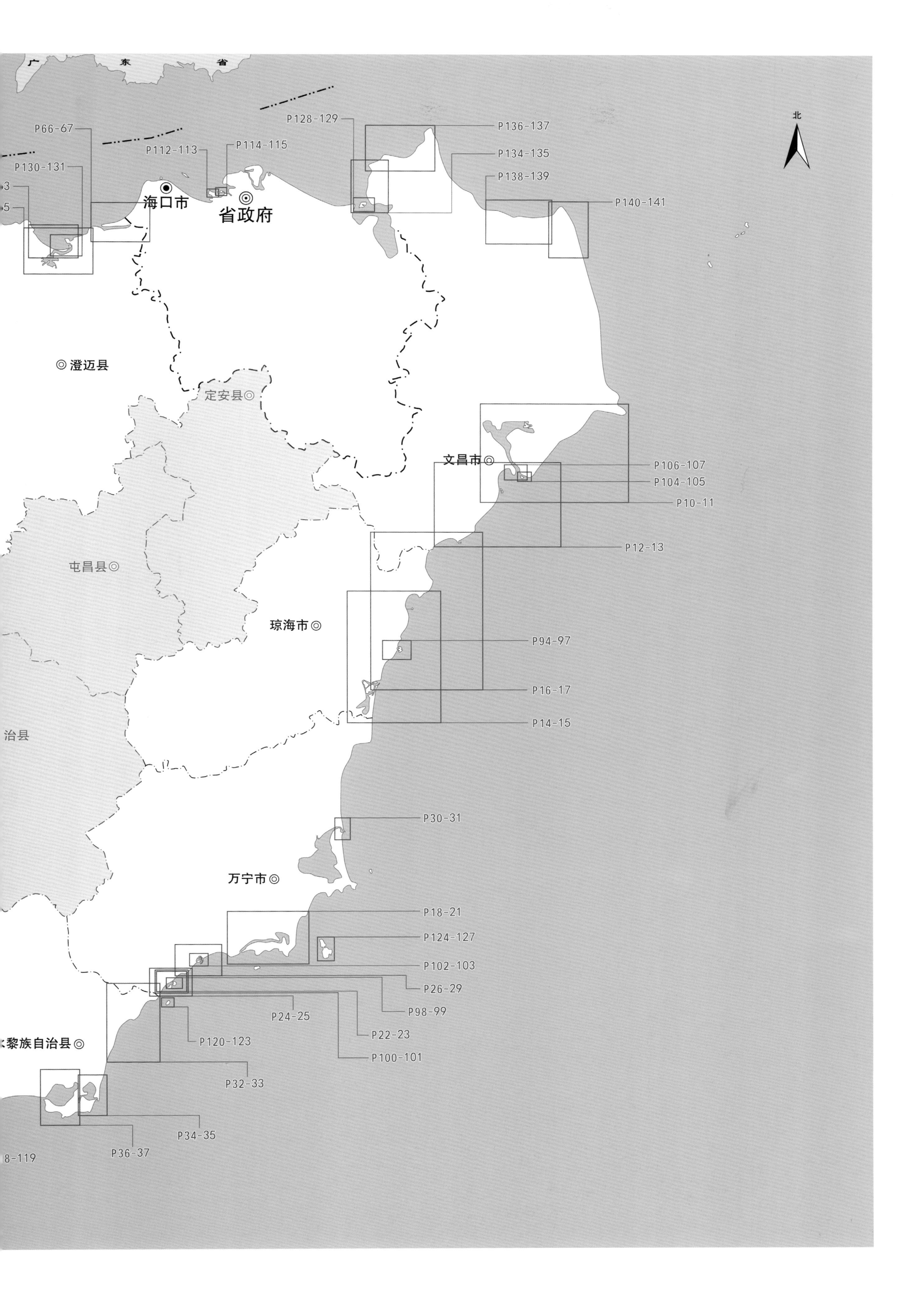

广
东
省
北
P66-67
P130-131
P112-113
P114-115
P128-129
P136-137
P134-135
P138-139
P140-141
海口市
省政府
澄迈县
定安县
文昌市
P106-107
P104-105
P10-11
P12-13
屯昌县
琼海市
P94-97
P16-17
P14-15
P30-31
万宁市
P18-21
P124-127
P102-103
P26-29
P98-99
P24-25
P22-23
P120-123
P100-101
P32-33
P34-35
P36-37

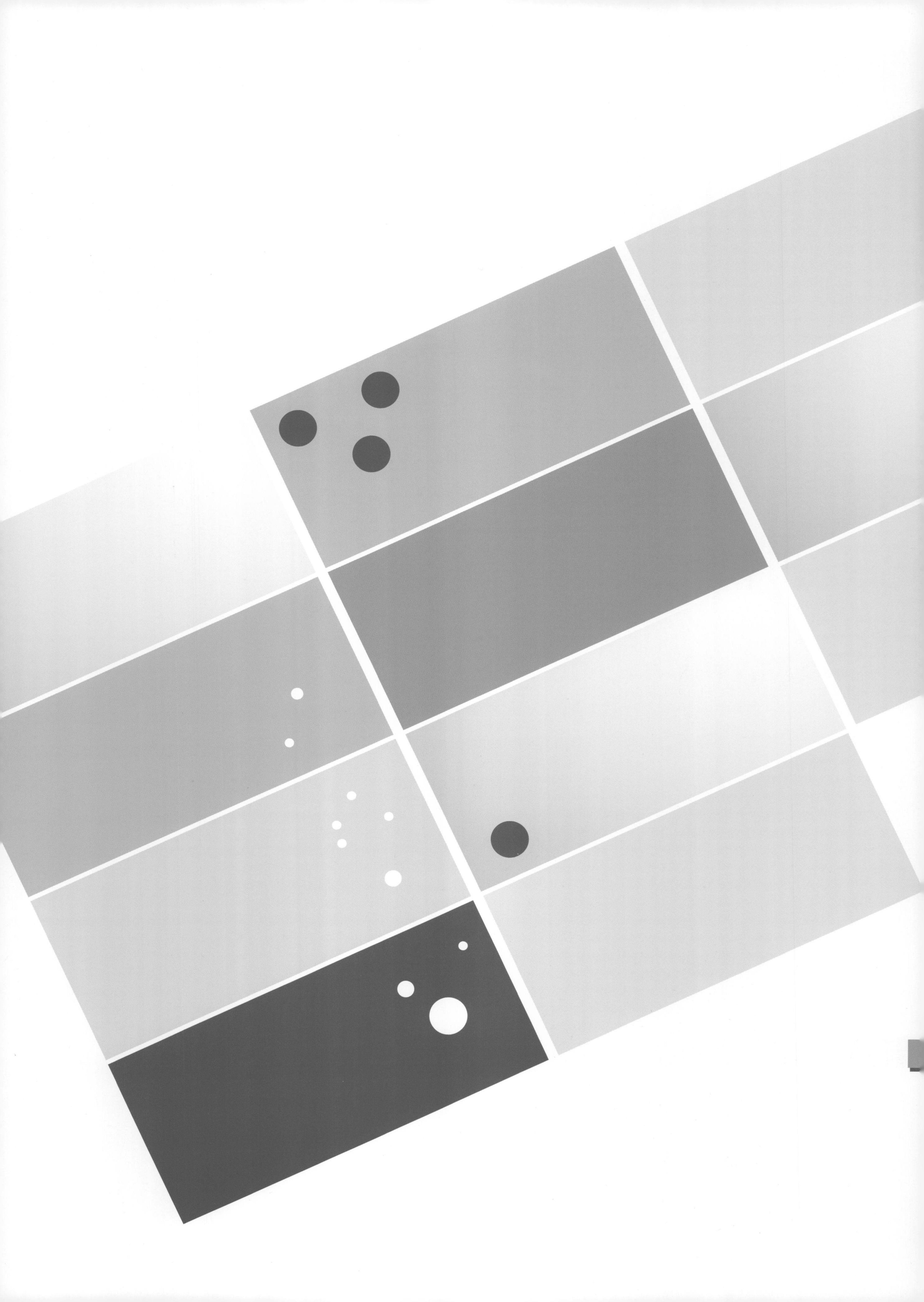

序图

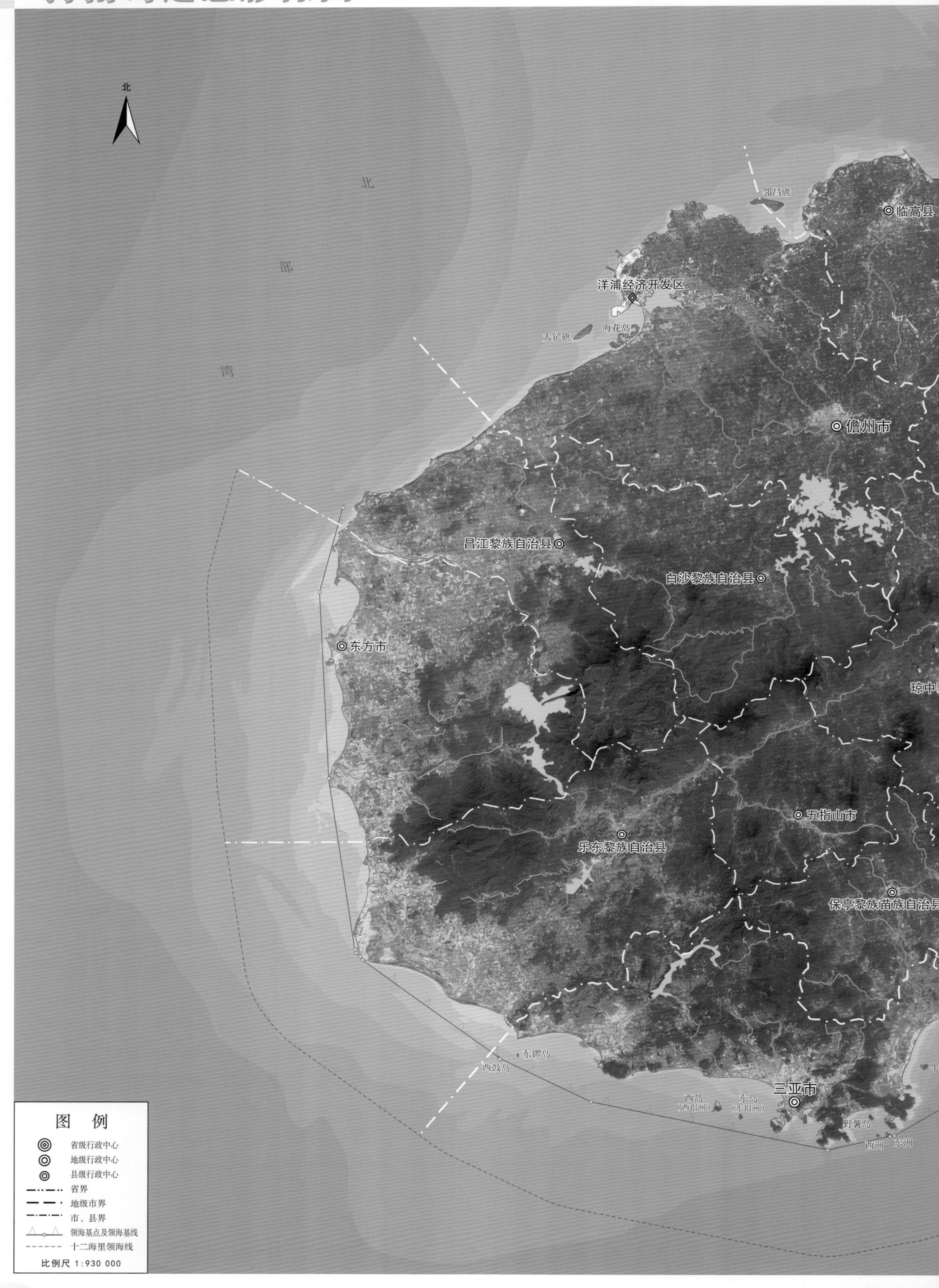
北
北
部
湾
邻昌礁
临高县
洋浦经济开发区
大铲礁
海花岛
儋州市
昌江黎族自治县
白沙黎族自治县
东方市
五指山市
乐东黎族自治县
保亭黎族苗族自治县
东锣岛
西鼓岛
三亚市
西岛
（西玳洲）
东岛
（东玳洲）
野薯岛
西洲
东洲
图 例
省级行政中心
地级行政中心
县级行政中心
省界
地级市界
市、县界
领海基点及领海基线
十二海里领海线
比例尺 1:930 000

广 东 省
琼 州 海 峡
海口市
省政府
七洲洋
北峙
南峙
七洲列岛
澄迈县
定安县
文昌市
屯昌县
琼海市
治县
万宁市
白鞍岛
大洲岛
南洲仔
分界洲
黎族自治县
南
海
南 海

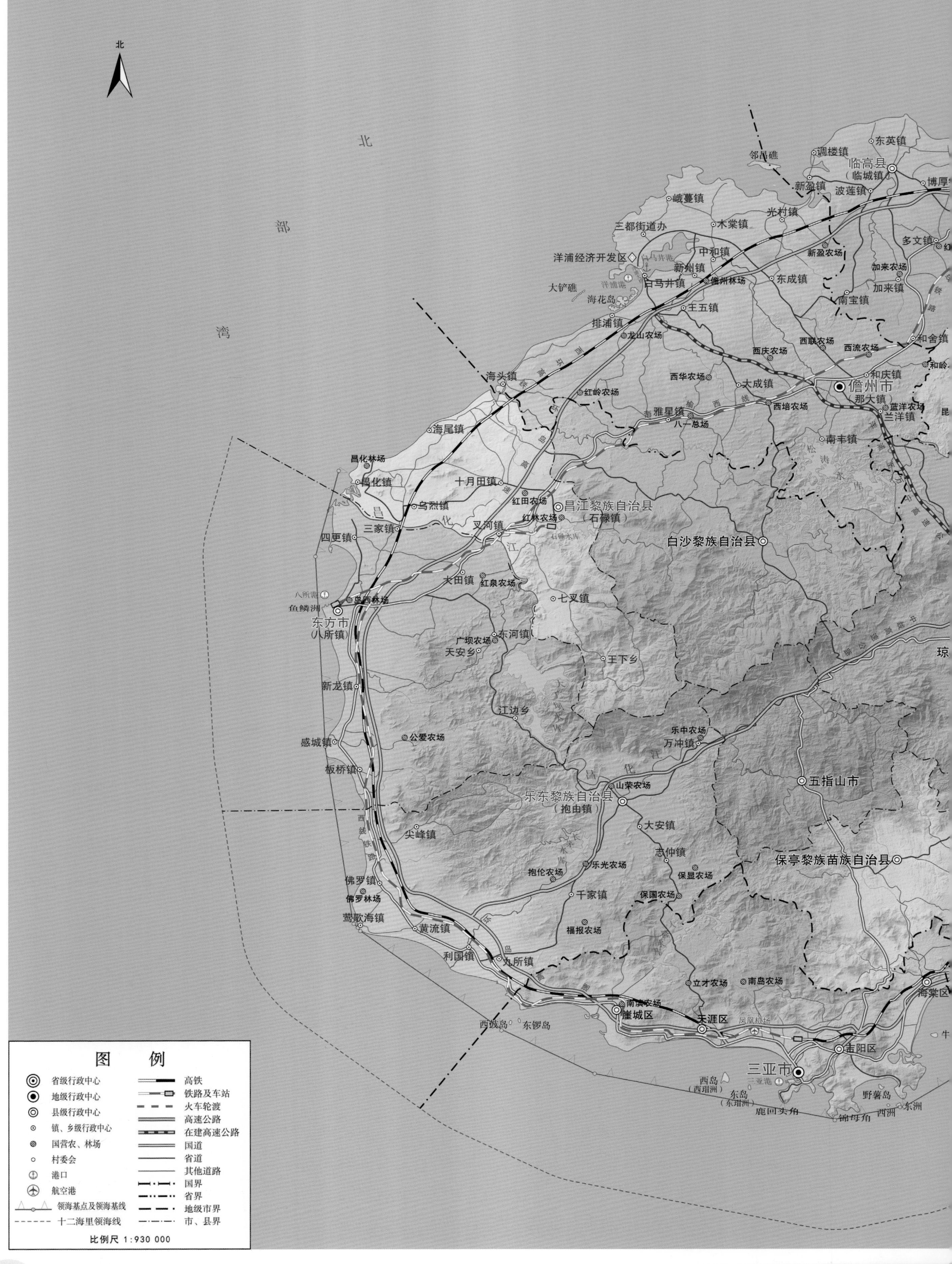
北
北
部
湾
邻昌礁
东英镇
调楼镇
临高县
（临城镇）
博厚
新盈镇
波莲镇
峨蔓镇
三都街道办
木棠镇
光村镇
洋浦经济开发区
中和镇
新州镇
儋州林场
白马井镇
东成镇
大铲礁
海花岛
王五镇
排浦镇
龙山农场
新盈农场
多文镇
加来农场
加来镇
南宝镇
西庆农场
西联农场
西流农场
和舍镇
和庆镇
西华农场
大成镇
儋州市
（那大镇）
蓝洋农场
兰洋镇
海头镇
红岭农场
雅星镇
八一总场
西培农场
南丰镇
海尾镇
昌化林场
昌化镇
十月田镇
红田农场
昌江黎族自治县
（石碌镇）
乌烈镇
红林农场
三家镇
叉河镇
四更镇
白沙黎族自治县
大田镇
红泉农场
八所港
鱼鳞洲
东方市
（八所镇）
七叉镇
广坝农场
东河镇
天安乡
王下乡
新龙镇
江边乡
公爱农场
乐中农场
万冲镇
感城镇
板桥镇
山荣农场
五指山市
乐东黎族自治县
（抱由镇）
大安镇
尖峰镇
志仲镇
乐光农场
抱伦农场
保显农场
保亭黎族苗族自治县
佛罗镇
佛罗林场
千家镇
保国农场
莺歌海镇
黄流镇
福报农场
利国镇
九所镇
立才农场
南岛农场
海棠区
西鼓岛
东锣岛
南滨农场
崖城区
天涯区
凤凰机场
吉阳区
西岛
（西瑁洲）
东岛
（东瑁洲）
三亚市
鹿回头角
野薯岛
锦母角
西洲
东洲
图 例
省级行政中心
地级行政中心
县级行政中心
镇、乡级行政中心
国营农、林场
村委会
港口
航空港
领海基点及领海基线
十二海里领海线
高铁
铁路及车站
火车轮渡
高速公路
在建高速公路
国道
省道
其他道路
国界
省界
地级市界
市、县界
比例尺 1:930 000

广东省
海安镇
排尾角
琼州海峡
粤海轮渡
海南角
海口市
省政府
龙华区
海口新港
海口港
新海林场
长流镇
美兰区
秀英区
琼山区
西秀镇
海秀镇
城西镇
桂林洋农场
铺前镇
锦山镇
罗豆农场
冯坡镇
翁田镇
老城镇
灵山镇
演丰镇
美兰机场
石山镇
永兴镇
龙桥镇
龙塘镇
龙泉镇
云龙镇
三江镇
抱罗镇
大丰镇
红光农场
遵谭镇
红旗镇
大致坡镇
东路镇
岛东林场
公坡镇
昌洒镇
金安农场
新坡镇
旧州镇
红明农场
三门坡镇
东路农场
文昌华侨农场
潭牛镇
文教镇
龙楼镇
铜鼓角
澄迈县
金江镇
瑞溪镇
永发镇
东山镇
定安县
东阁镇
澄迈林场
东昌农场
大坡镇
甲子镇
文城镇
东郊镇
加乐镇
南阳农场
文昌市
清澜港
文儒镇
红岗农场
蓬莱镇
南扶水库
会文镇
重兴镇
东红农场
大路镇
屯昌县
长坡镇
东升农场
塔洋镇
彬村山华侨农场
嘉积镇
琼海市
万泉镇
潭门镇
南俸农场
石壁镇
博鳌镇
红岭水库
东太农场
龙江镇
中原镇
阳江镇
会山镇
东平农场
龙滚镇
黎族自治县
东岭农场
六连林场
山根镇
东兴农场
北大镇
和乐镇
三更罗镇
后安镇
大茂镇
新中农场
白鞍岛
长丰镇
东和农场
万宁水库
万宁市
万城镇
兴隆华侨农场
礼纪镇
大花角
东澳镇
南林农场
大洲岛
南桥镇
南洲仔
本号镇
岭门农场
提蒙乡
分界洲
光坡镇
陵水黎族自治县
椰林镇
文罗镇
三才镇
黎安镇
新村镇
七洲洋
北峙
南峙
七洲列岛
南海
南海

广西壮族自治区
广东省
南宁市
广州市
澳门
香港
台湾省
台湾岛
北部湾
海口市
儋州市
海南岛
东沙群岛
三亚市
永兴岛
三沙市
西沙群岛
中沙群岛
黄岩岛
南海
南沙群岛
苏禄海
曾母暗沙
苏拉威西海
海南省全图

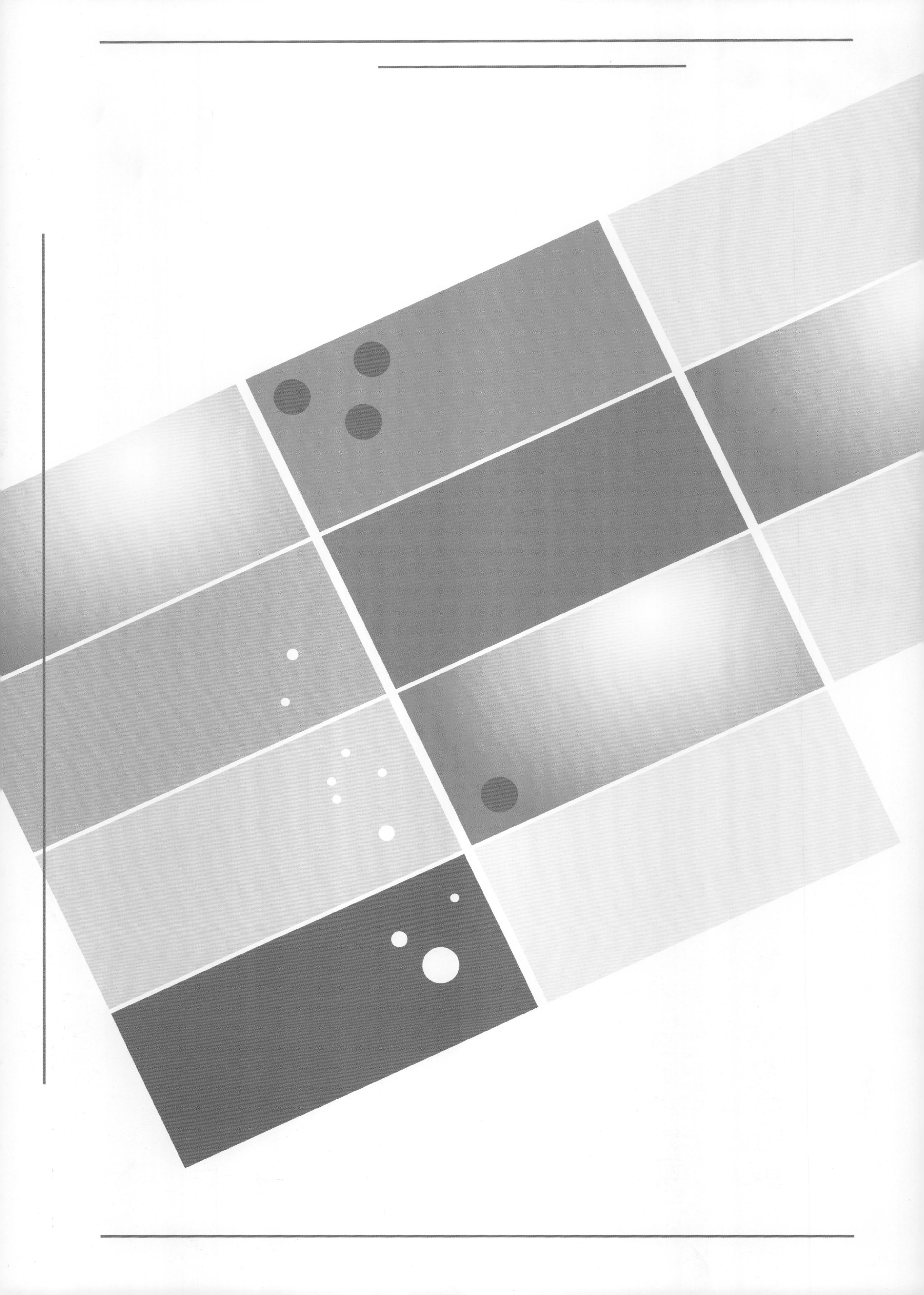

重点海岸带

根据海南省人民政府公布的《2016年海南省（海南本岛）海岸线修测成果》：海南省（海南本岛）海岸线总长1944.35千米。海南岛海岸线类型复杂多样，自然海岸线有基岩岸线、砂质岸线、粉砂淤泥质岸线、珊瑚礁岸线、红树林岸线、丛草岸线等类型，人工岸线有防潮堤岸线、防潮闸岸线、防波堤岸线、护坡岸线、挡浪墙岸线、码头岸线、船坞岸线、道路岸线、盐田岸线、养殖区岸线等类型，并且，海南岛海岸带植被类型丰富多彩，自然植被主要有红树林、灌丛、草丛及湿地植被等；人工植被主要有木麻黄海防林、园林植被、椰子林和农田作物等。

文昌市淇水湾至八门湾近岸海域（2015年11月无人机遥感影像）

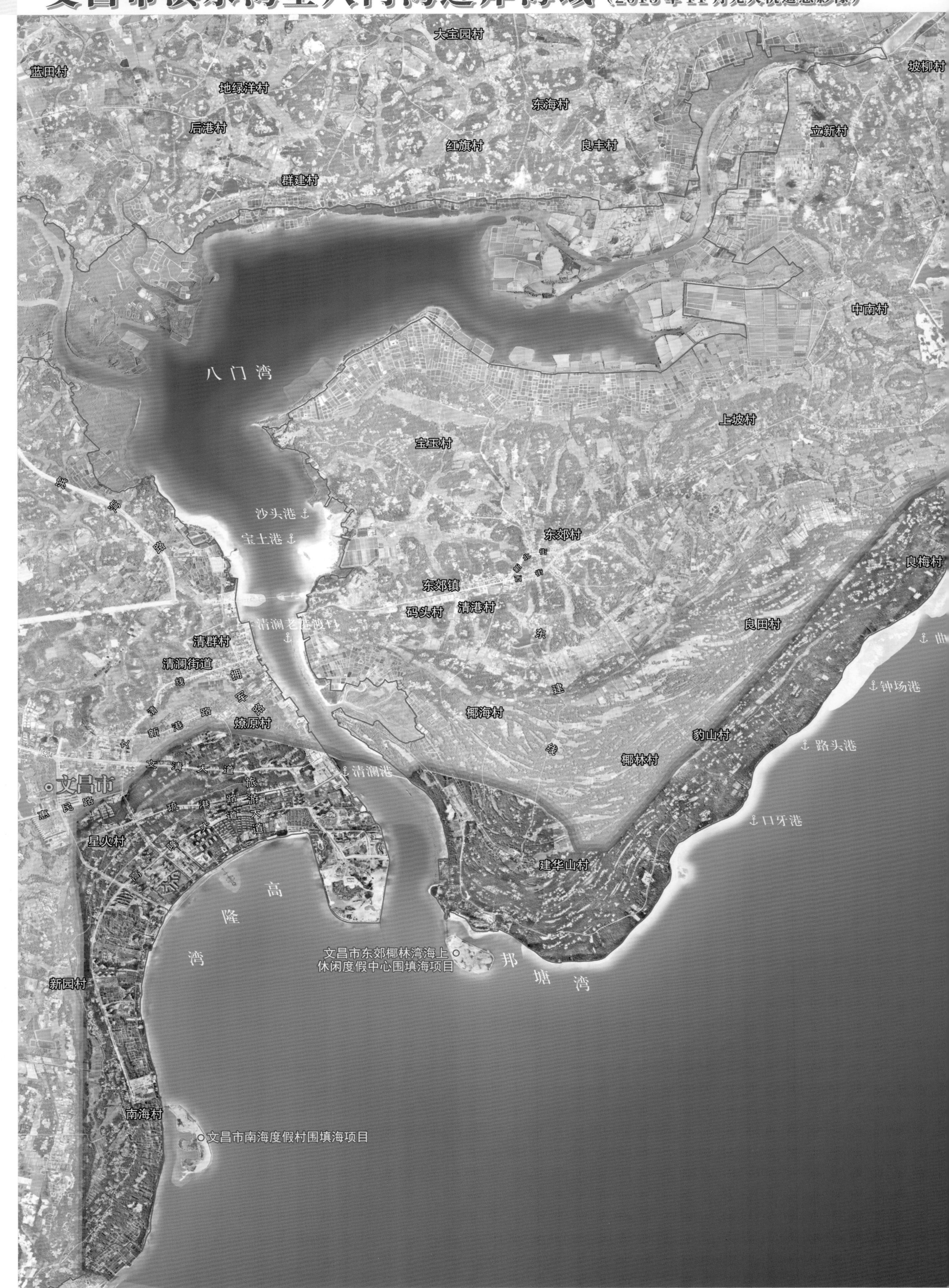

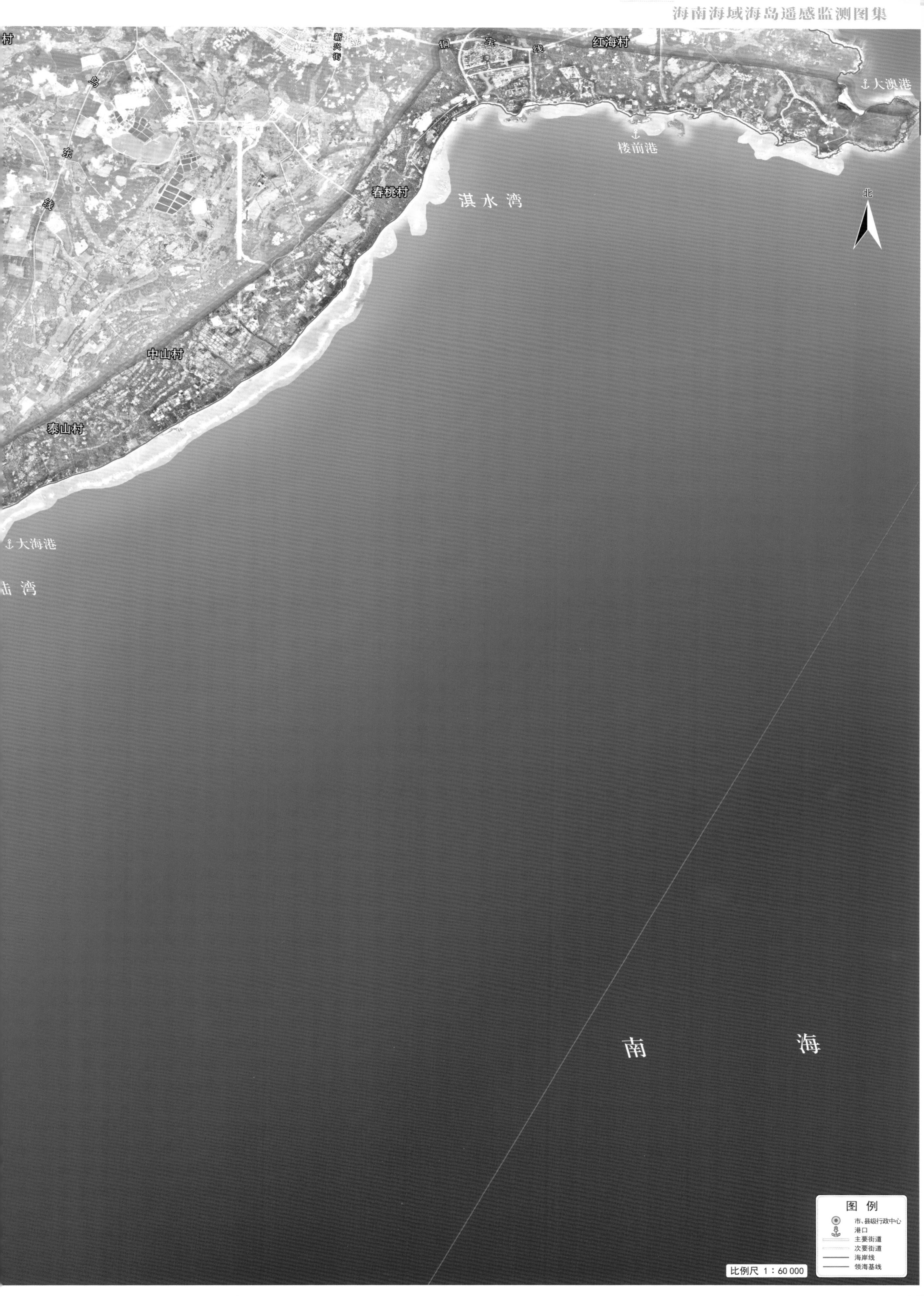
红海村
大澳港
楼前港
春桃村
淇水湾
中山村
泰山村
大海港
南
海
图例
市、县级行政中心
港口
主要街道
次要街道
海岸线
领海基线
比例尺 1：60 000

文昌市高龙湾近岸海域（2017年8月无人机遥感影像）

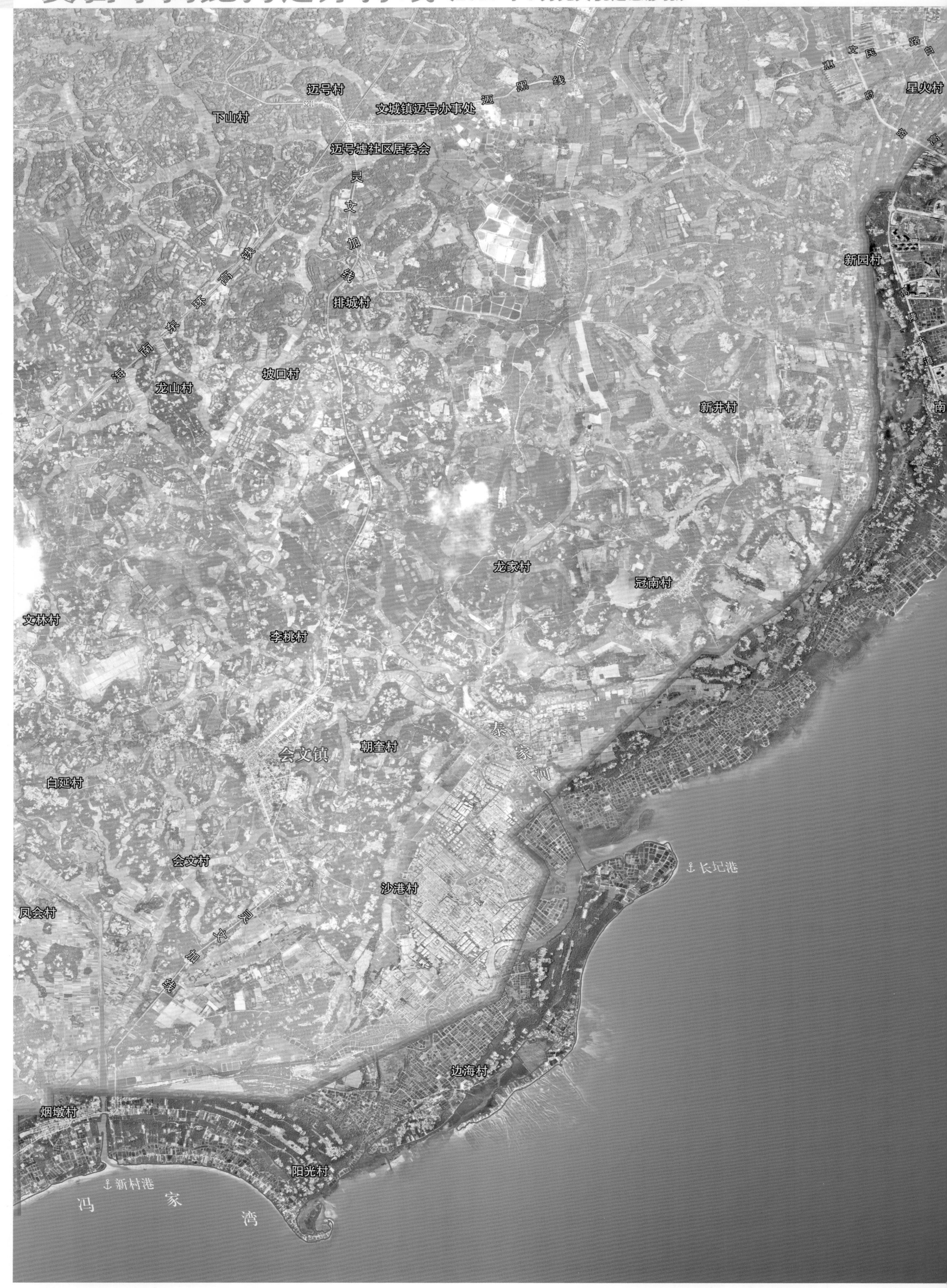

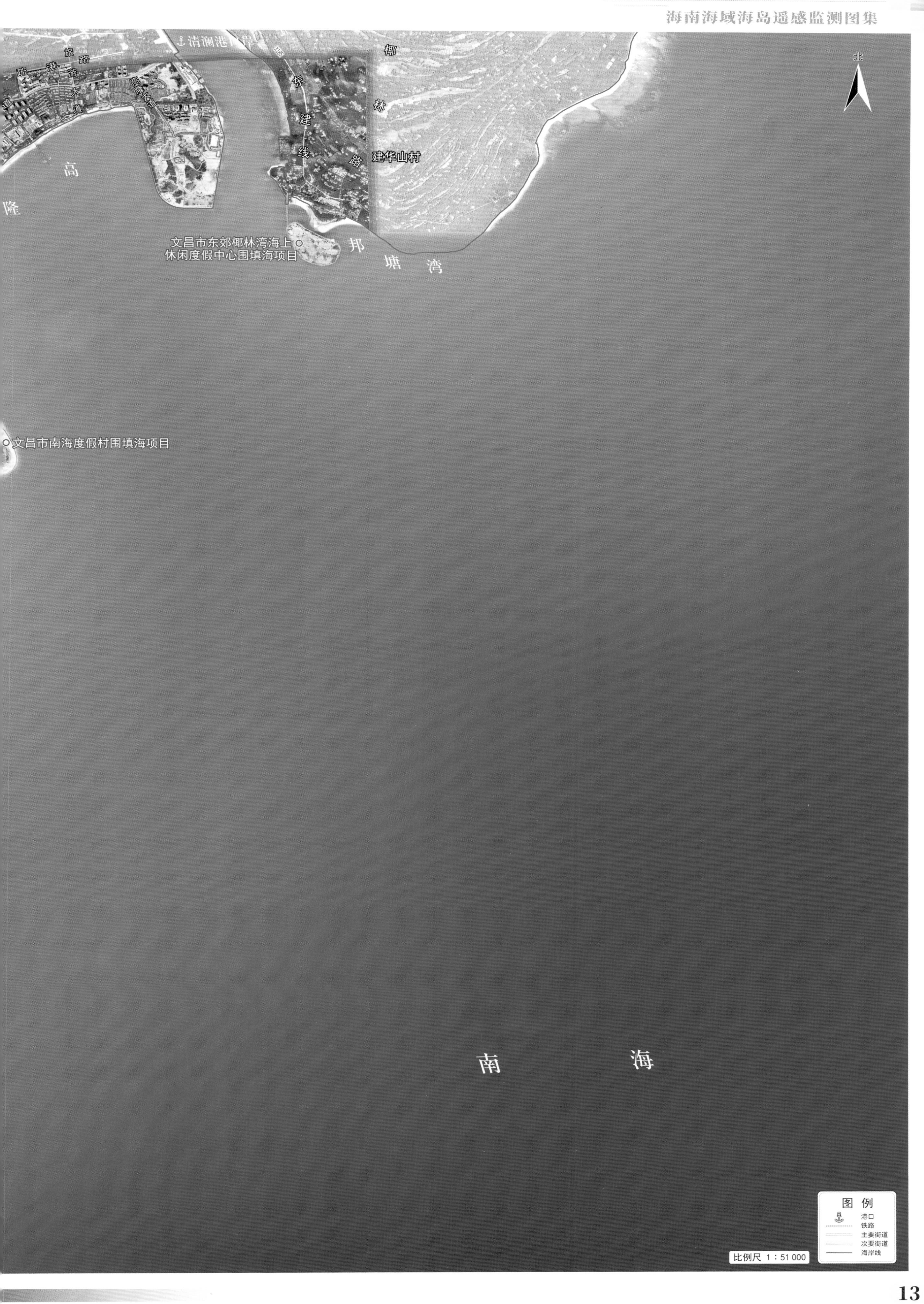
清澜港口岸
椰林
东建线路
建华山村
高隆
文昌市东郊椰林湾海上休闲度假中心围填海项目
邦塘湾
文昌市南海度假村围填海项目
南海
北
图例
港口
铁路
主要街道
次要街道
海岸线
比例尺 1：51 000

琼海市潭门镇至博鳌镇近岸海域（2015年11月无人机遥感影像）

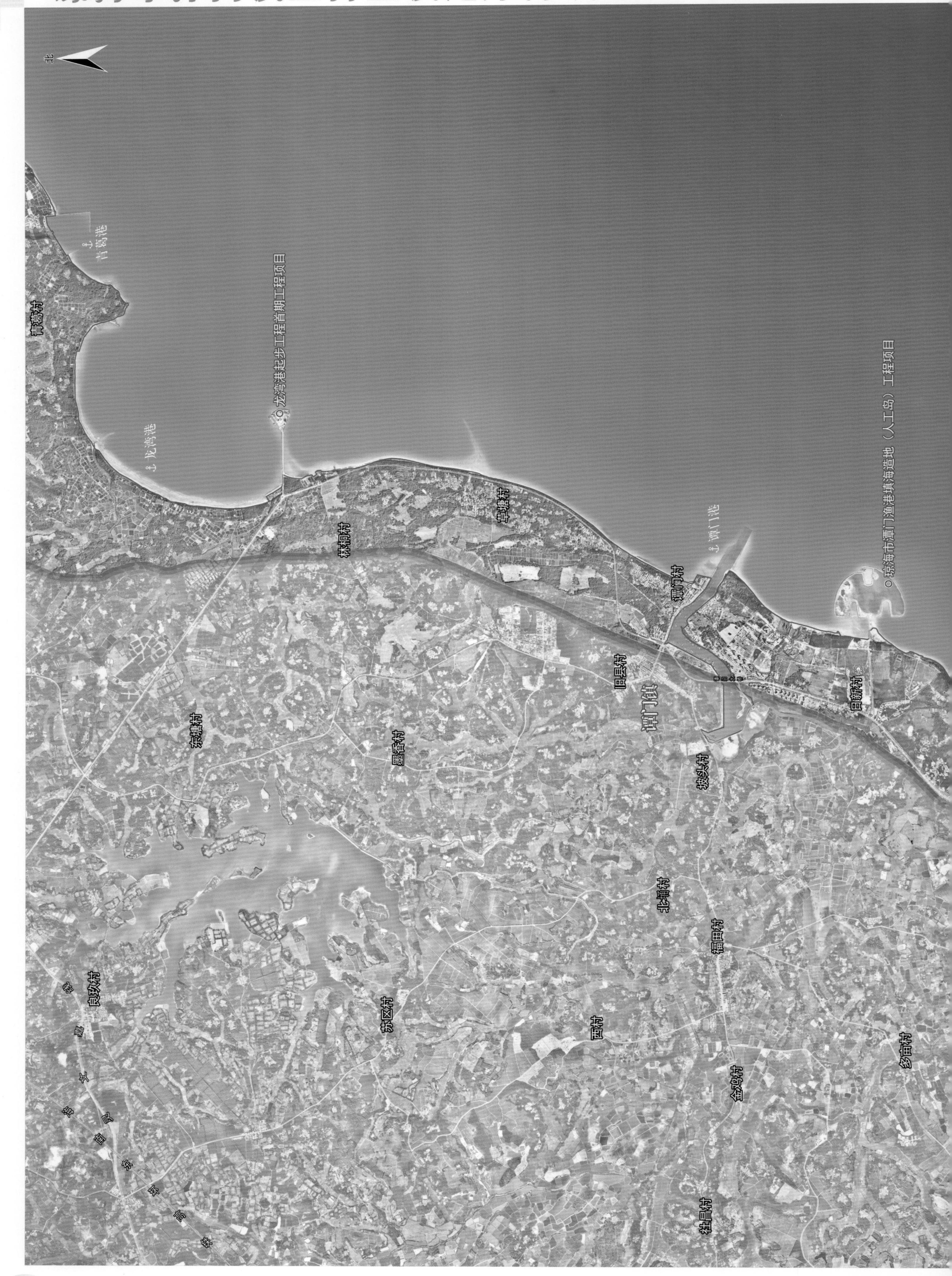

图例
港口
铁路
主要街道
次要街道
海岸线
比例尺 1：56 000
南海
博鳌港
东屿渡口
龙头湾
博鳌镇
东屿村
博鳌村
珠联村
田埇村
中南村
莫村
培兰村
东海村
沙美村
北山村
河头村
万泉河
加博线
博鳌路
万泉河口路

琼海市潭门镇至博鳌镇近岸海域（2017年8月无人机遥感影像）

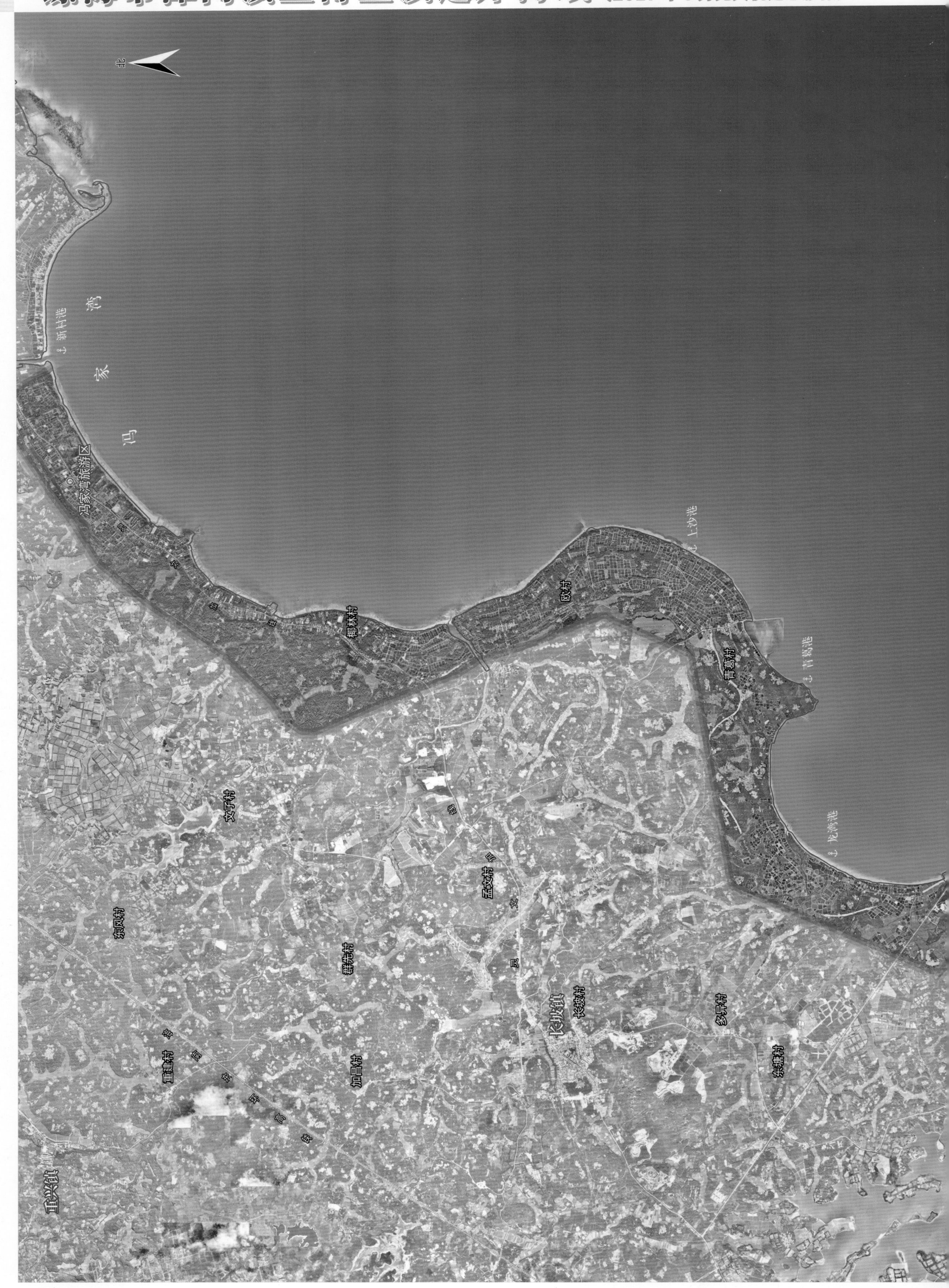

林桐村
墨香村
草塘村
旧县村
谭门镇
谭门村
北埇村
坡头村
福田村
谭门港
日新村
琼海市潭门渔港填海造地（人工岛）工程项目
珠联村
南海
东屿村
博鳌村
博鳌镇
博鳌亚洲论坛成立会址
博鳌港
图例
港口
铁路
主要街道
次要街道
海岸线
比例尺 1：62 000

万宁市神州半岛近岸海域（2015年11月无人机遥感影像）

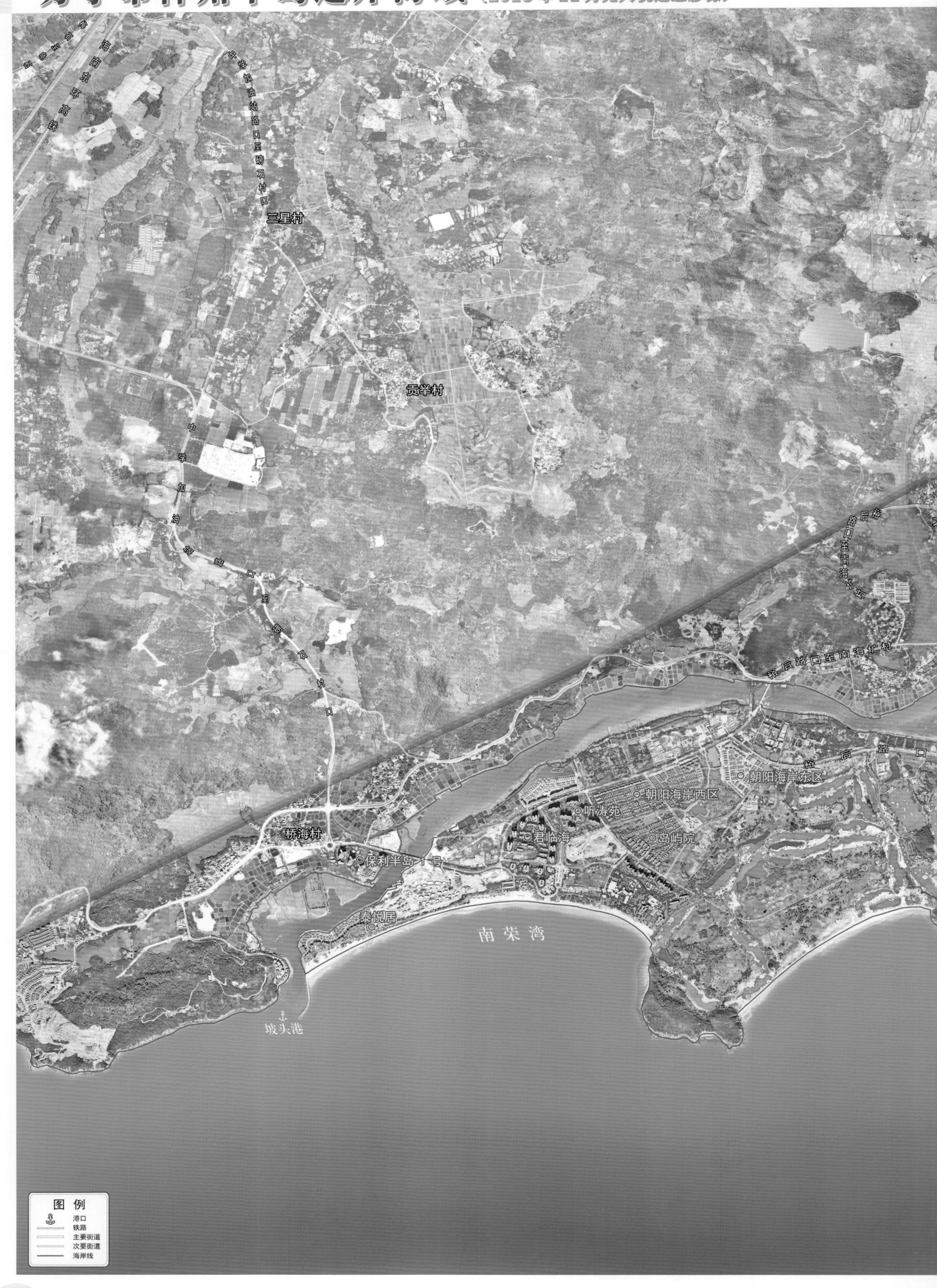

四维村
集丰村
新群村
加神公路至四维路口
万东线
新华村
凤岭村
岛光村
蓝田村牌至蓝田村
蓝田村
东澳车站
东澳镇
龙山村
东澳村
书言村
万神线
田氏
南村委会
新村
龙保村
海扩村
会委村岭
道东桥至凤
乐南村
后海
马骝角
南海
北
比例尺 1：31 000

万宁市神州半岛近岸海域（2017年8月无人机遥感影像）

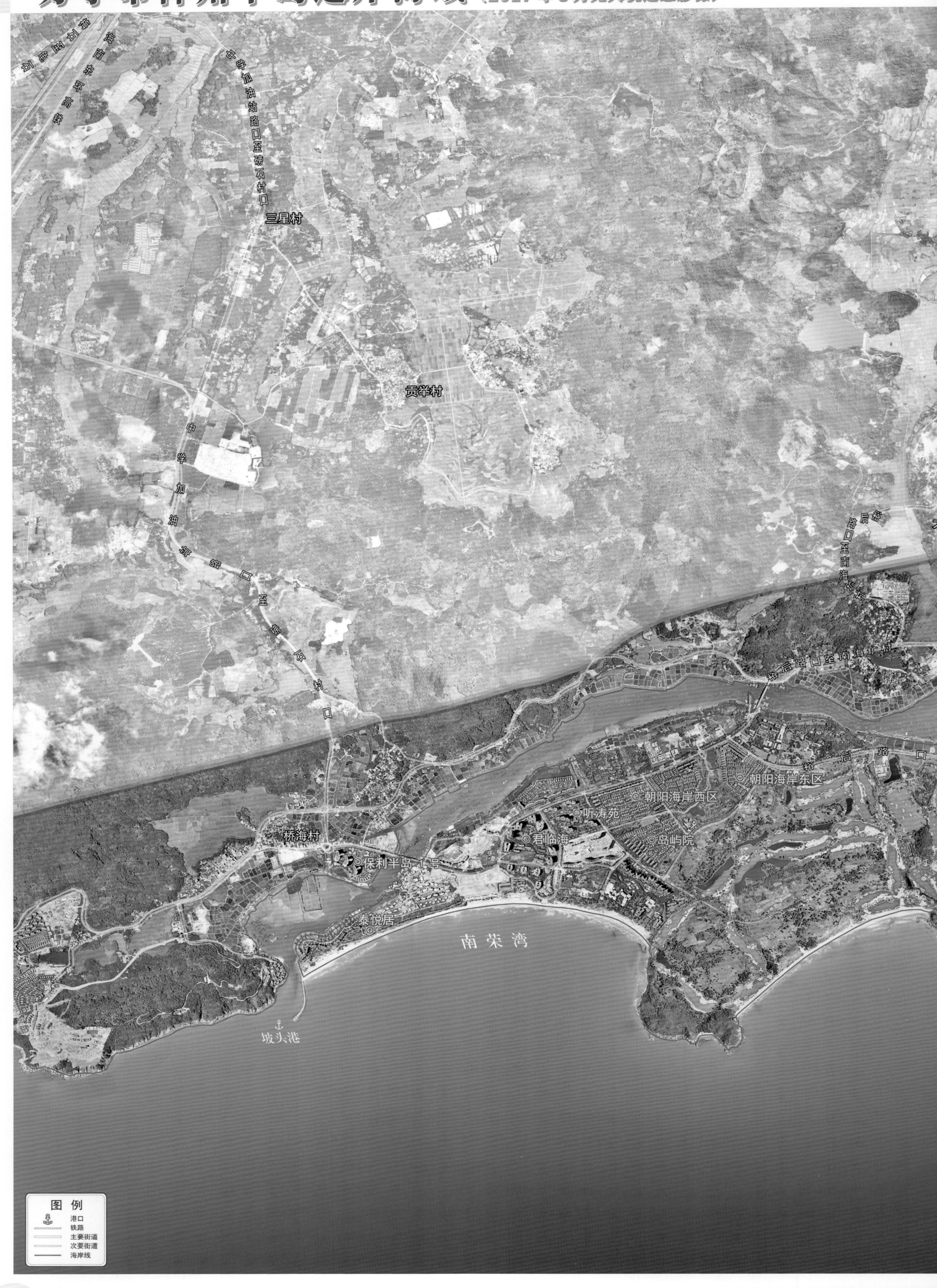

四维村
集丰村
新群村
加神公路至四维路口
万东线
新华村
凤岭村
岛光村
蓝田村牌至蓝田村
蓝田村
东澳镇
龙山村
东澳村
北
后海
新村
龙保村
乐南村
马骝角
比例尺 1：31 000

万宁市日月湾近岸海域（2014年5月无人机遥感影像）

铁
高
速
环
岛
高
G98
北
海南万宁日月湾综合旅游度假区人工岛项目
图 例
铁路
G98 高速公路
主要街道
次要街道
海岸线
比例尺 1：12 000

万宁市日月湾近岸海域（2017年8月无人机遥感影像）

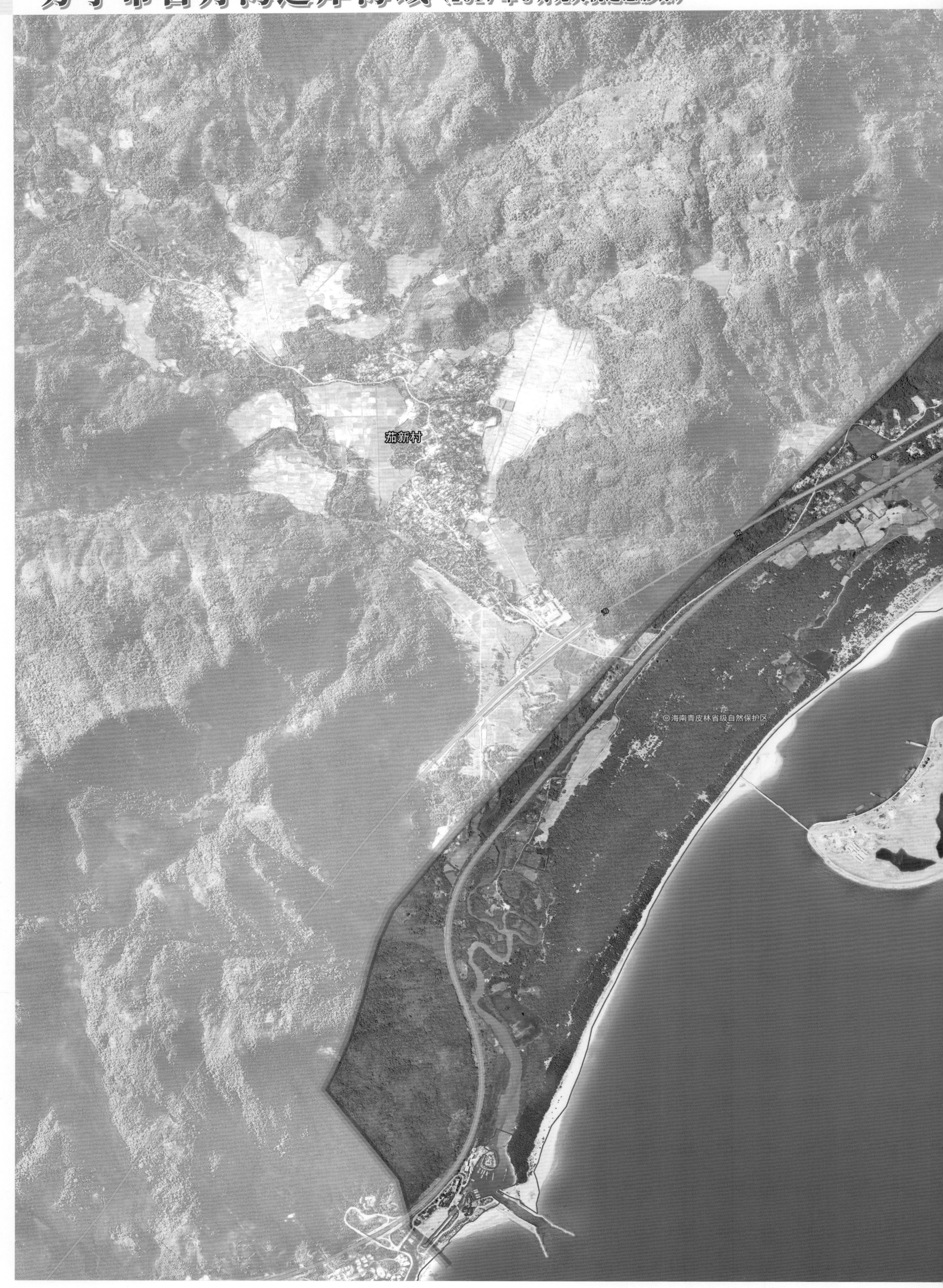

田新村

日月湾海门游览区

北

海南万宁日月湾综合旅游度假区人工岛项目

图 例

铁路

G98 高速公路

主要街道

次要街道

海岸线

比例尺 1：20 000

万宁市石梅湾近岸海域（2014年5月无人机遥感影像）

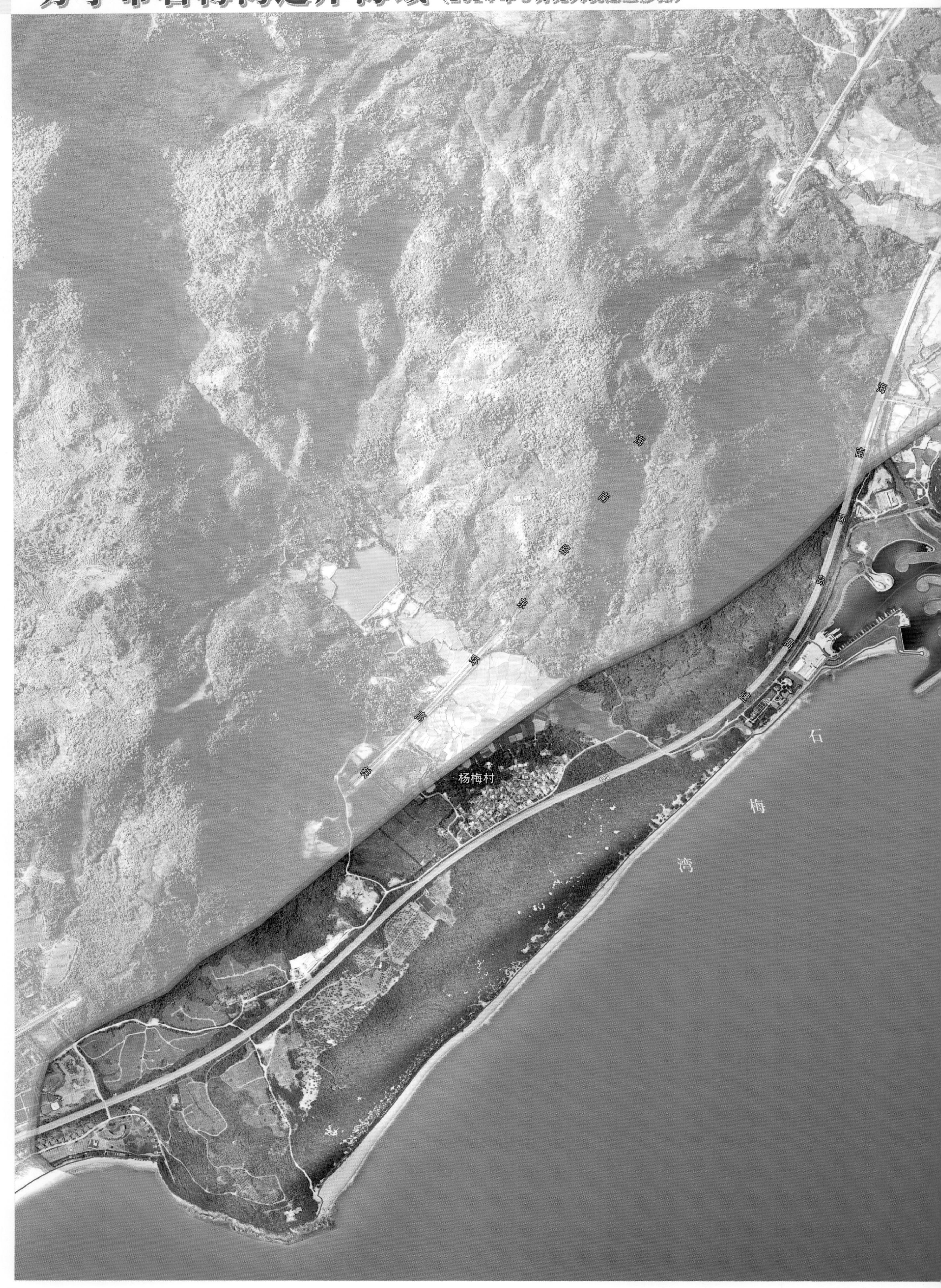

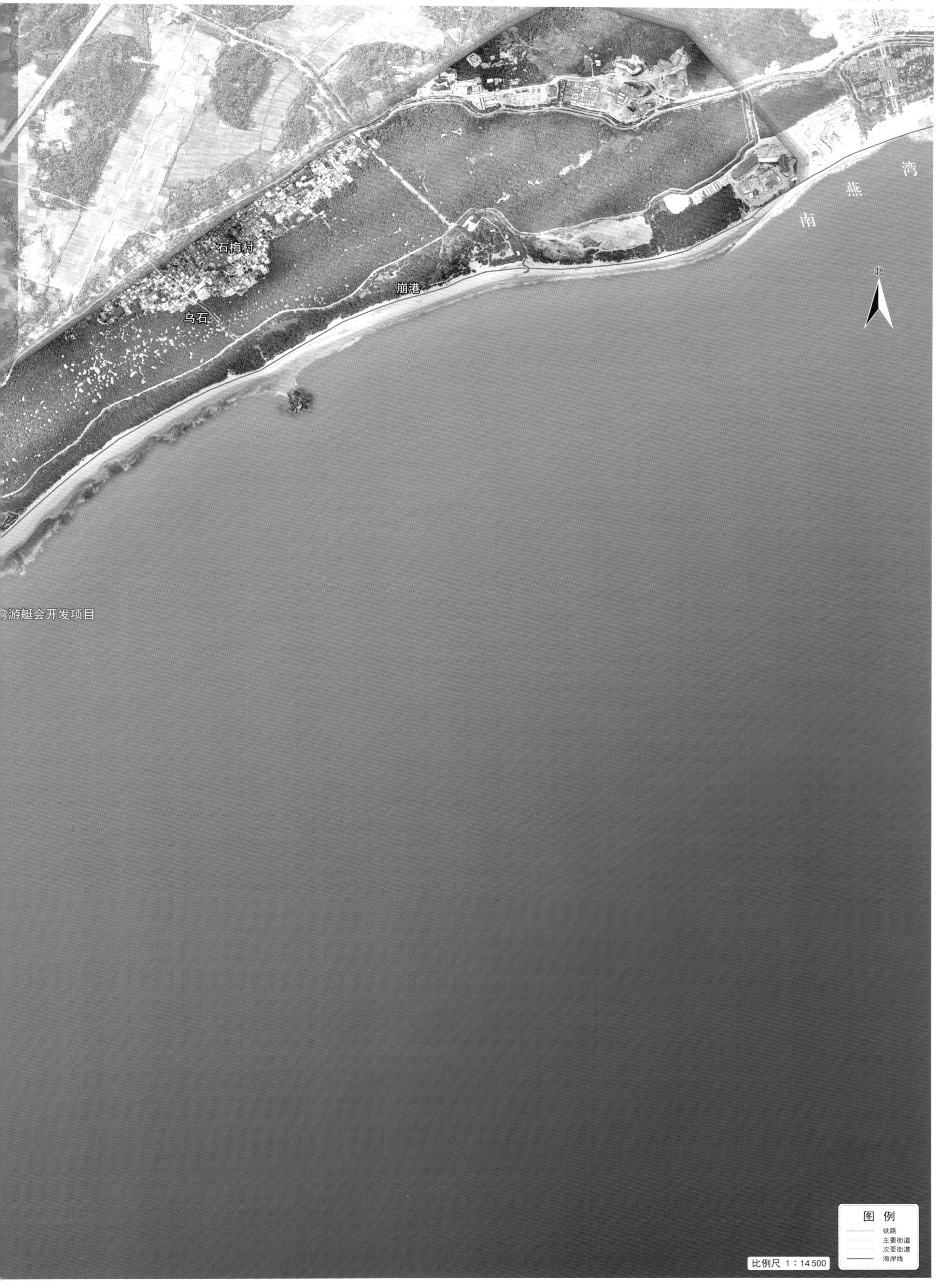

石梅村
乌石
崩港
南
燕
湾
北
湾游艇会开发项目
图 例
铁路
主要街道
次要街道
海岸线
比例尺 1：14 500

万宁市石梅湾近岸海域（2017年8月无人机遥感影像）

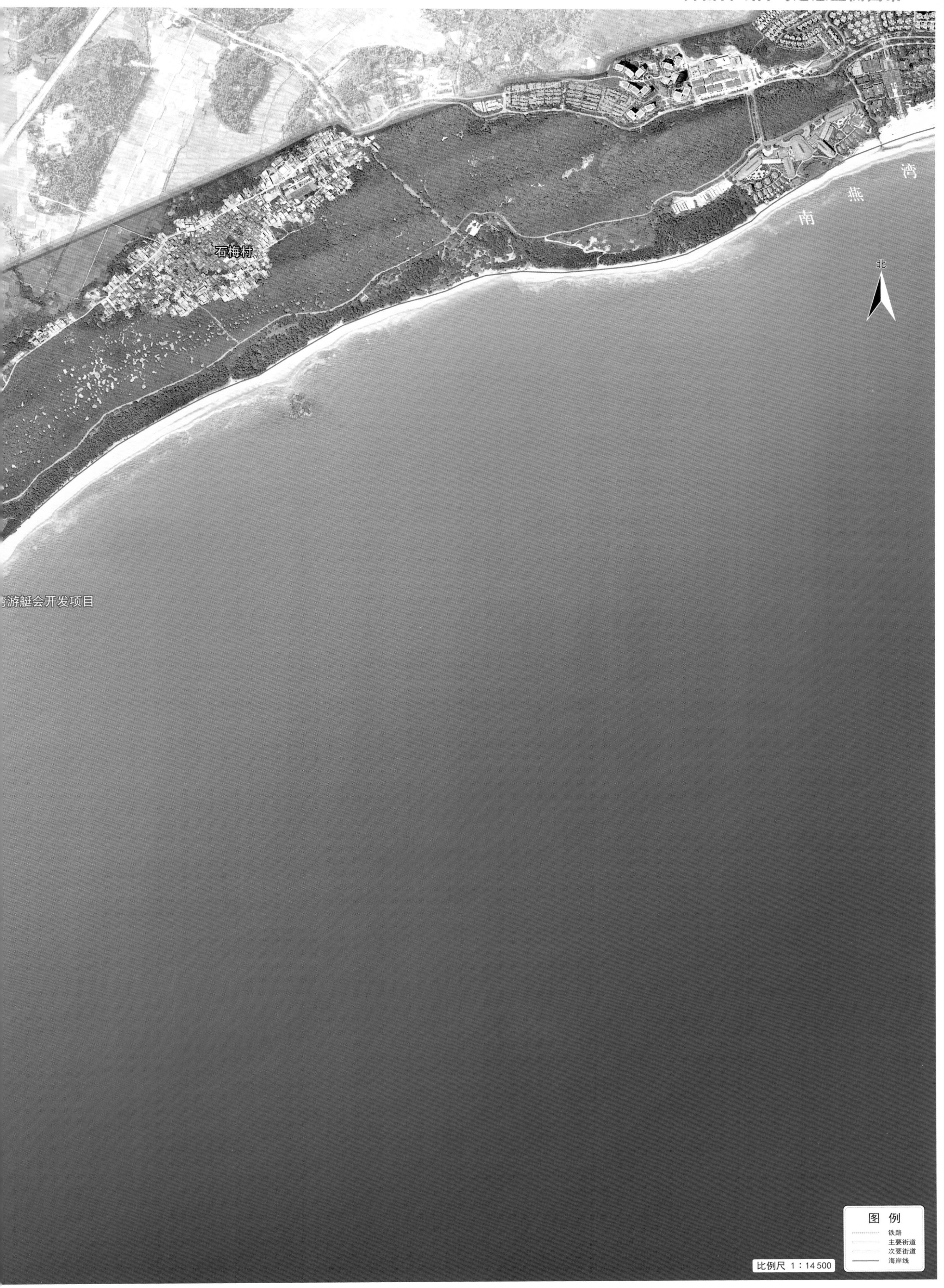
石梅村
南燕湾
北
湾游艇会开发项目
图例
铁路
主要街道
次要街道
海岸线
比例尺 1：14 500

北
三角路至港北
港上村
港下村
小海
东星

外峙
内峙
港北港
图例
港口
主要街道
次要街道
海岸线
比例尺 1：7 000

陵水黎族自治县香水湾近岸海域（2015年11月无人机遥感影像）

图例
港口
铁路
G98
高速公路
主要街道
次要街道
海岸线
比例尺 1：33 000
港坡港
富力湾·山海豪庭
水口港

陵水黎族自治县黎安港近岸海域（2014年6月无人机遥感影像）

比例尺 1 : 15 000
港门港
陆仁塘
陵水角
图例
港口
主要街道
次要街道
海岸线

陵水黎族自治县新村港近岸海域（2014年6月无人机遥感影像）

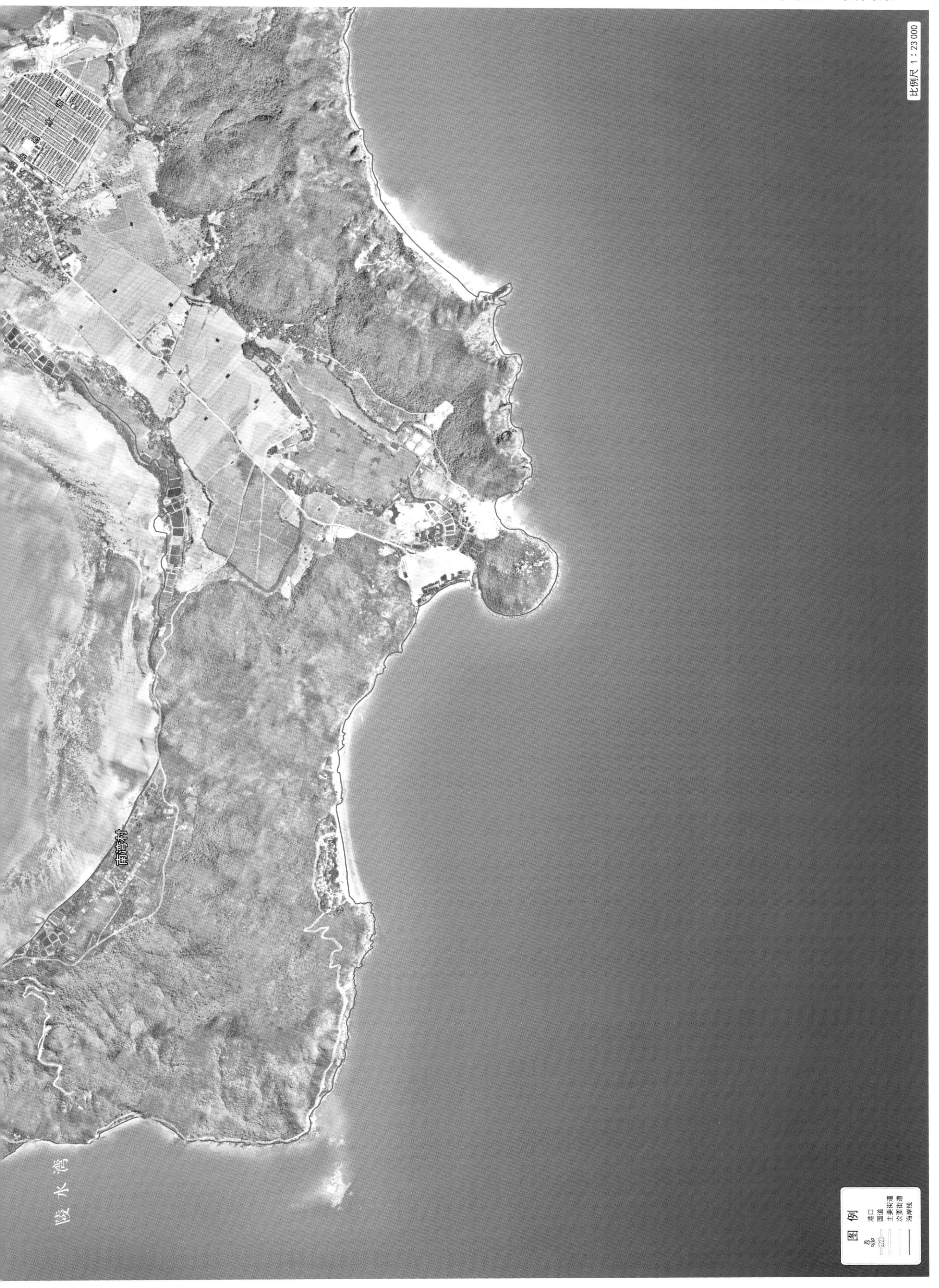
比例尺 1：23 000
南湾村
陵水湾
图例
港口
国道
主要街道
次要街道
海岸线

乐东黎族自治县龙栖湾至莺歌海镇近岸海域（2015年11月无人机遥感影像）

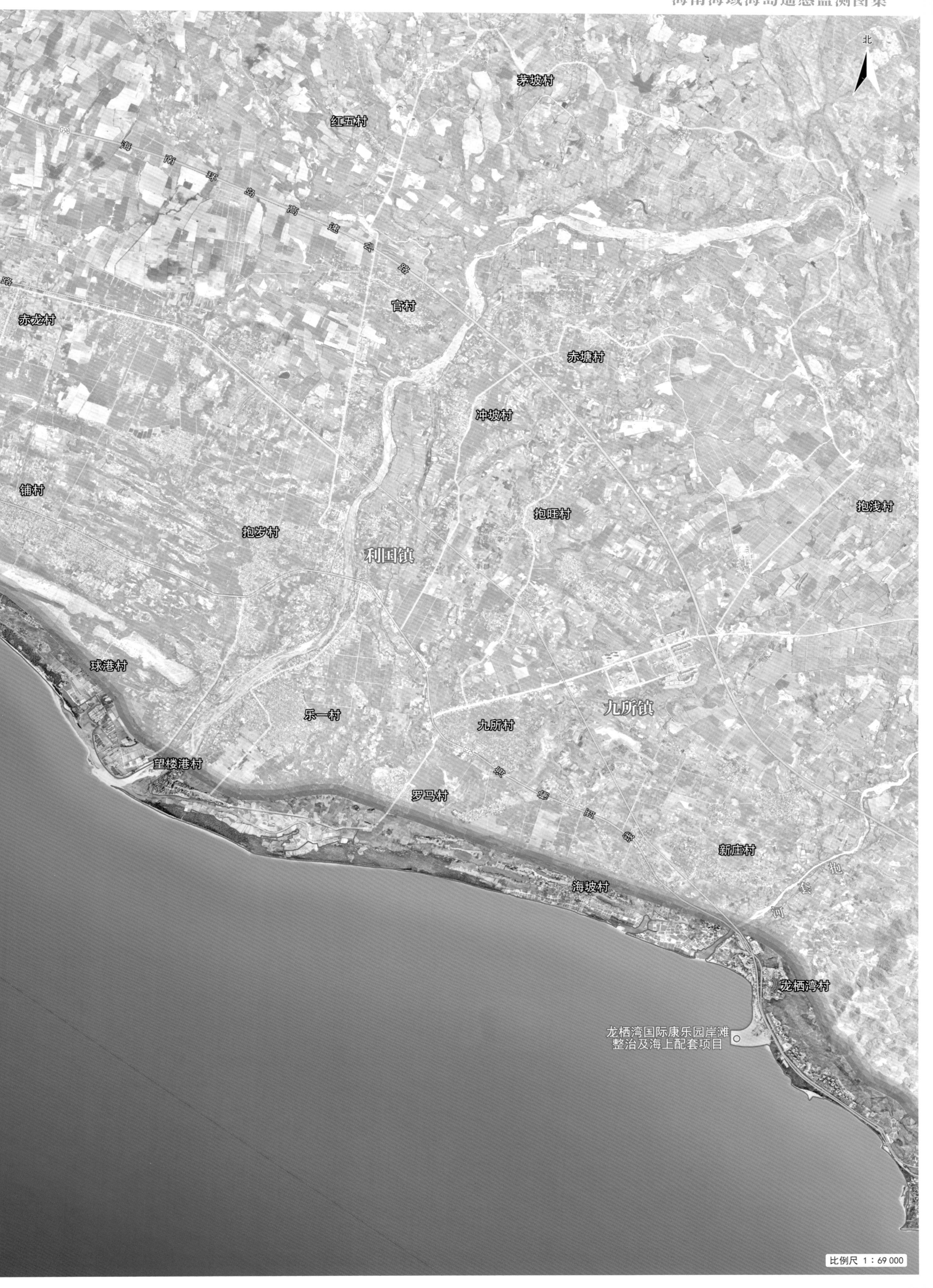
北
茅坡村
红五村
海南环岛高速公路
官村
赤龙村
赤塘村
冲坡村
铺村
抱旺村
抱浅村
抱岁村
利国镇
球港村
九所镇
乐一村
九所村
望楼港村
罗马村
新庄村
海坡村
抱套河
龙栖湾村
龙栖湾国际康乐园岸滩
整治及海上配套项目
比例尺 1：69 000

乐东黎族自治县岭头港近岸海域（2015年11月无人机遥感影像）

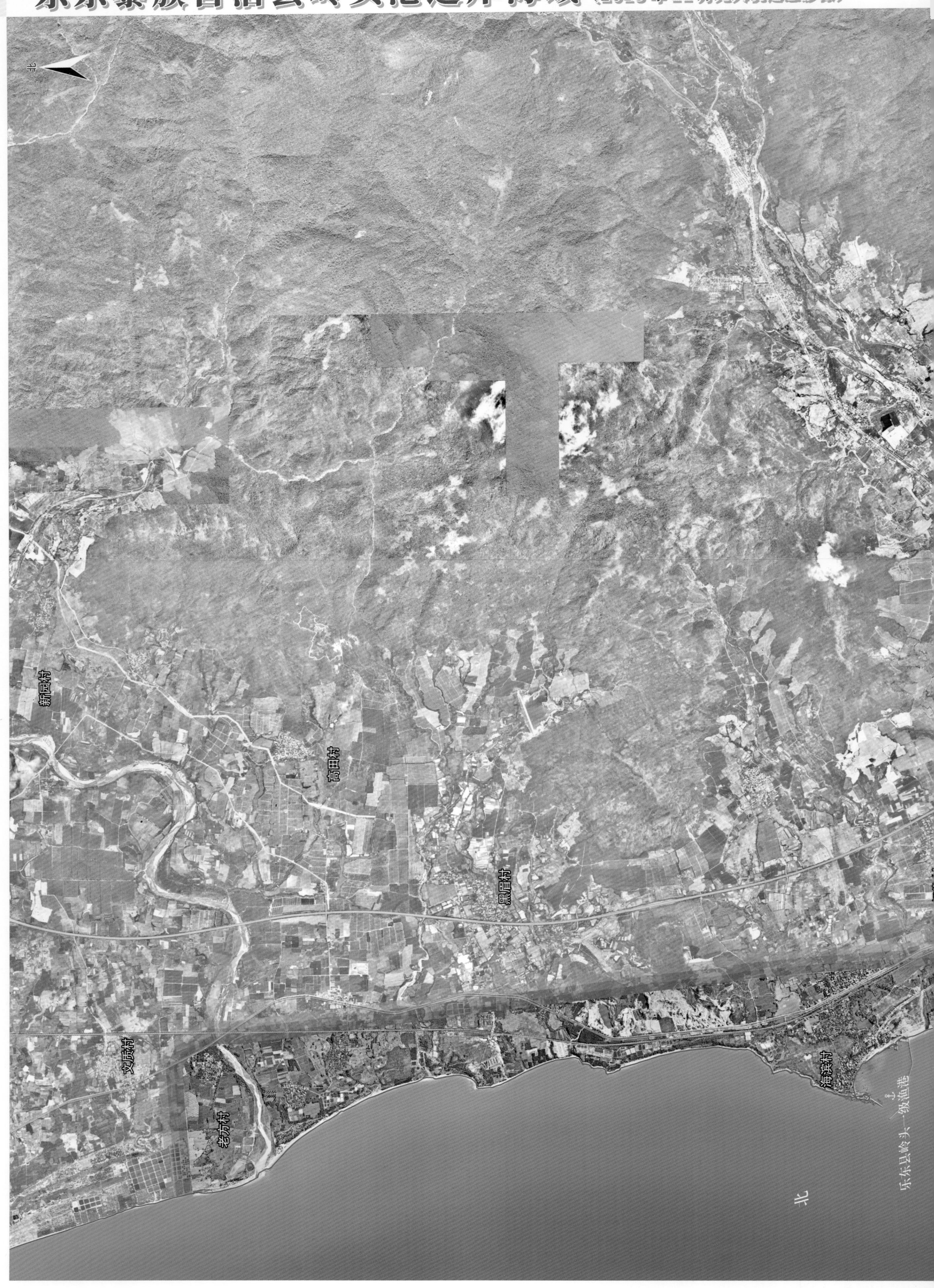

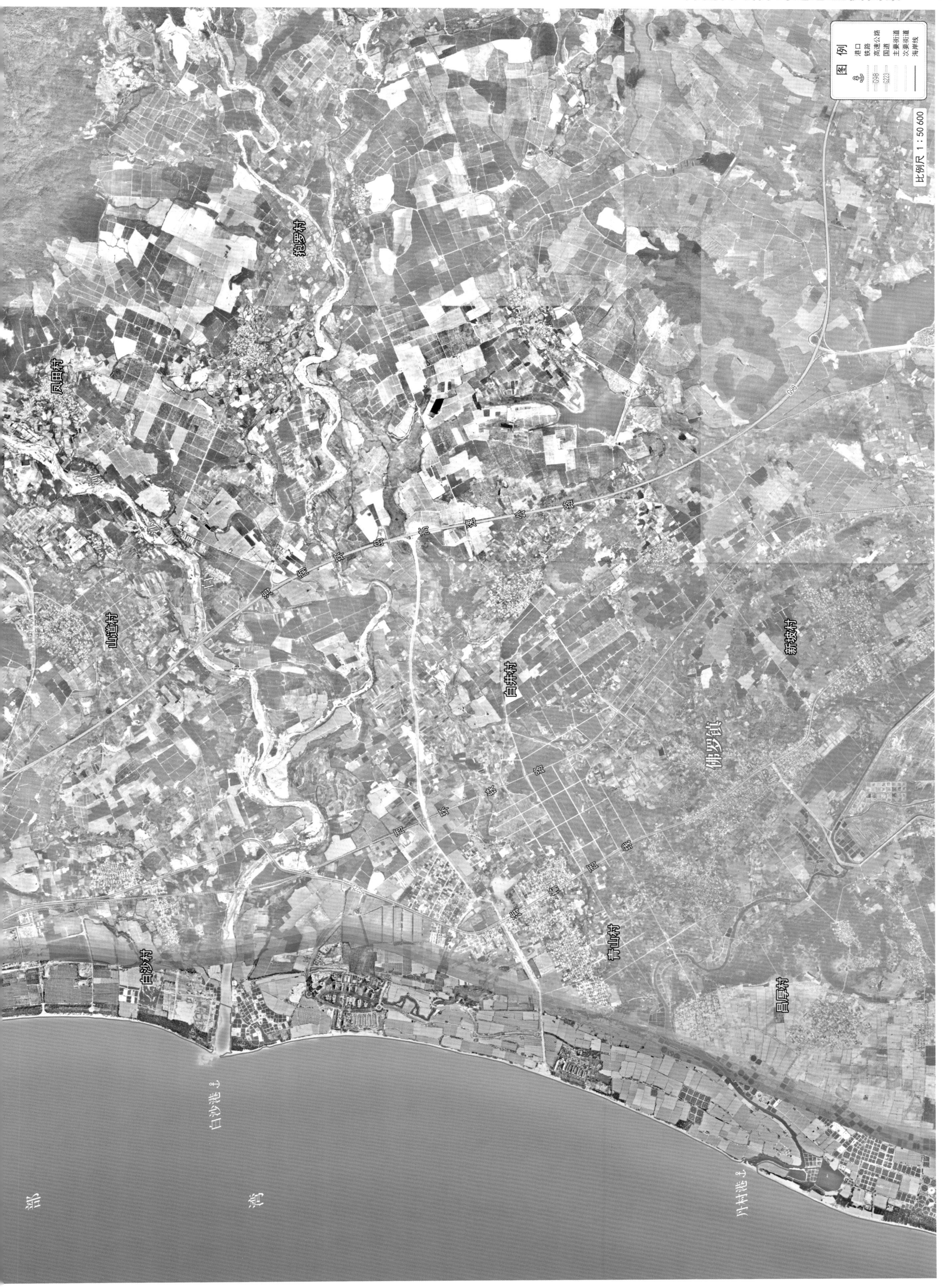
图例
港口
铁路
G98 高速公路
G223 国道
主要街道
次要街道
海岸线
比例尺 1：50 600
抱罗村
风田村
山道村
自井村
新坡村
佛罗镇
青山村
昌厚村
白沙村
白沙港
丹村港
部
湾

东方市通天港至四更沙角近岸海域（2015年11月无人机遥感影像）

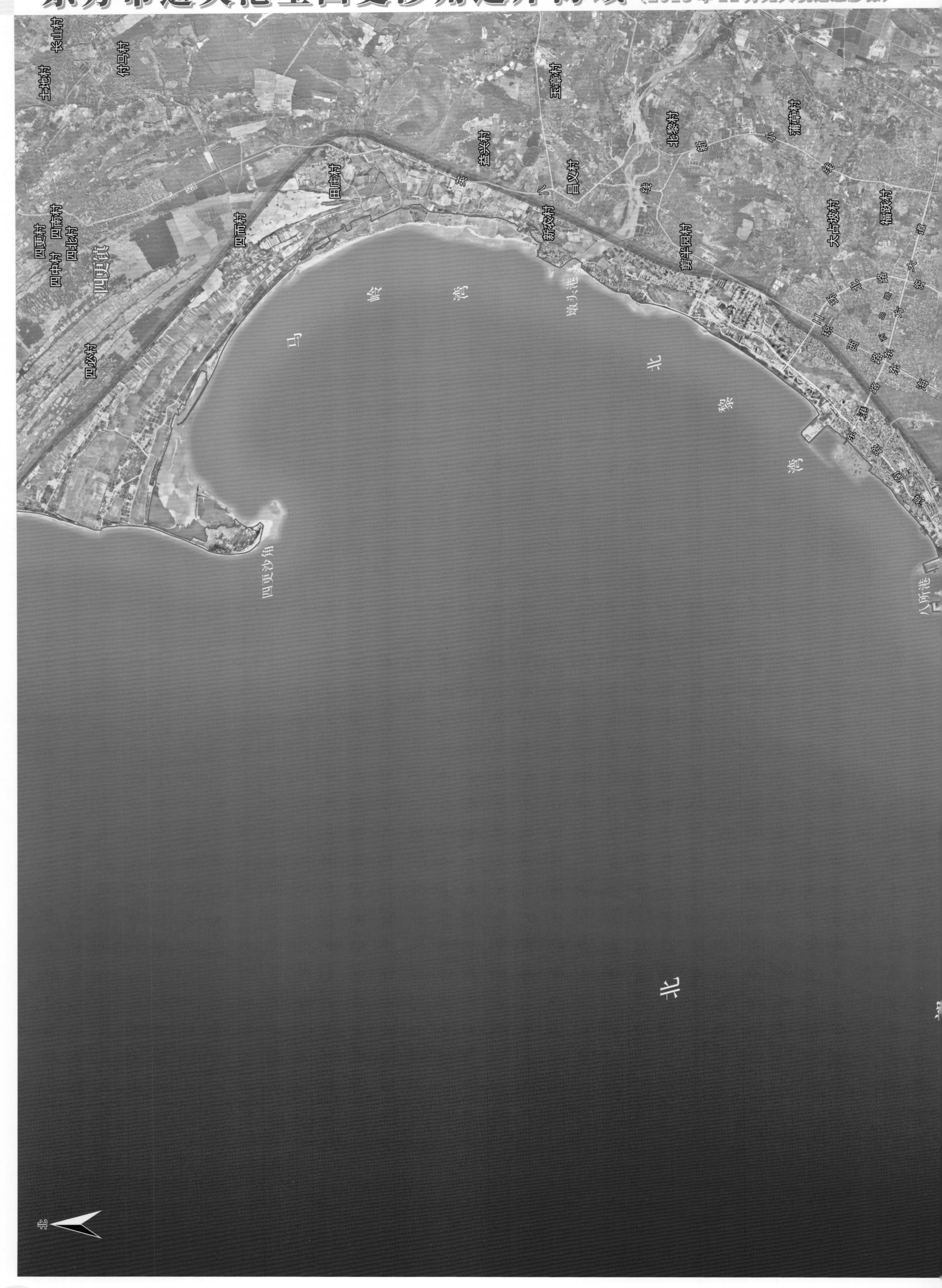

八所镇
八所村
居龙村
大坡田村
罗带村
十所村
福久村
下名山村
那悦村
小洲塘
高排村
月村
那斗村
部道村
道达村
下通天村
上通天村
华能电厂专用码头
通天港
湾
海南环岛高速
海南西环高铁
海南西环铁路线
富民路
永安东路
图例
港口
铁路
高速公路
国道
主要街道
次要街道
海岸线
比例尺 1：61 000

东方市通天港至四更沙角近岸海域（2017年8月无人机遥感影像）

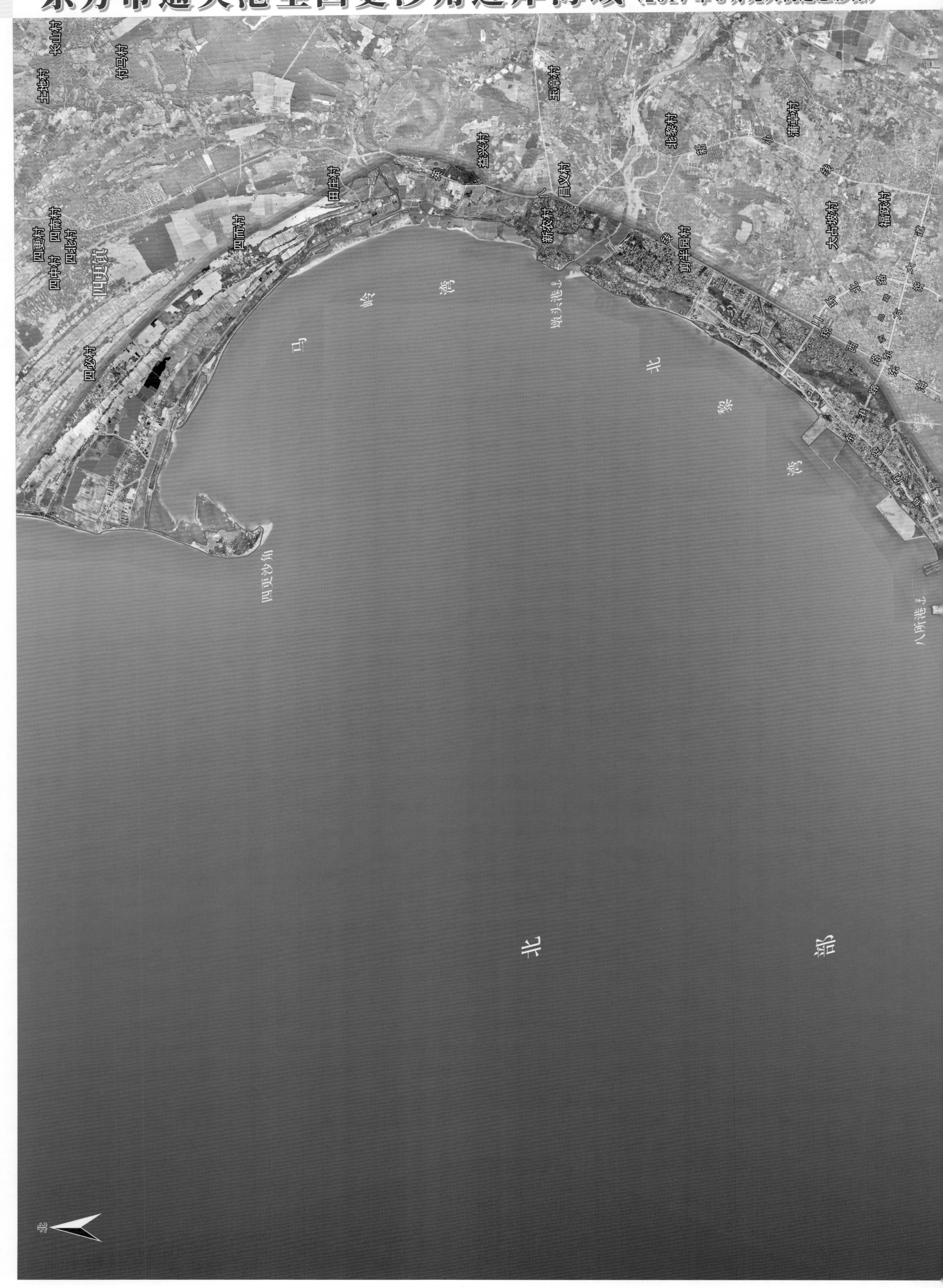

大坡田村
下名山村
那斗村
部道村
上通天村
福久村
那洗村
月村
道达村
居龙村
罗带村
高排村
十所村
八所村
下通天村
通天港
华能电厂专用码头
湾
比例尺 1∶61 000
图例
市、县级行政中心
火车站
港口
铁路
高速公路
国道
主要街道
次要街道
海岸线

东方市八所港近岸海域（2015年11月无人机遥感影像）

北黎村
皇宁村
大占坡村
剪半园村
八所镇
东方市
居龙村
八所村
新港
八所港
北
黎
湾
图 例
市、县级行政中心
火车站
港口
铁路
主要街道
次要街道
海岸线
领海基线
比例尺 1：35 000

东方市八所港近岸海域（2017年8月无人机遥感影像）

北黎村
皇宁村
大占坡村
剪半园村
居龙村
八所村
东方市
八所镇
北黎湾
新港
八所港
比例尺 1 : 35 000
图例
市、县级行政中心
火车站
港口
铁路
主要街道
次要街道
海岸线
领海基线

东方市工业码头近岸海域（2015年11月无人机遥感影像）

华能电厂专用码头
图例
港口
主要街道
次要街道
海岸线
比例尺 1：12 000

东方市工业码头近岸海域（2017年8月无人机遥感影像）

比例尺 1：12 000
图例
港口
主要街道
次要街道
海岸线

昌江黎族自治县海尾镇近岸海域（2015年11月无人机遥感影像）

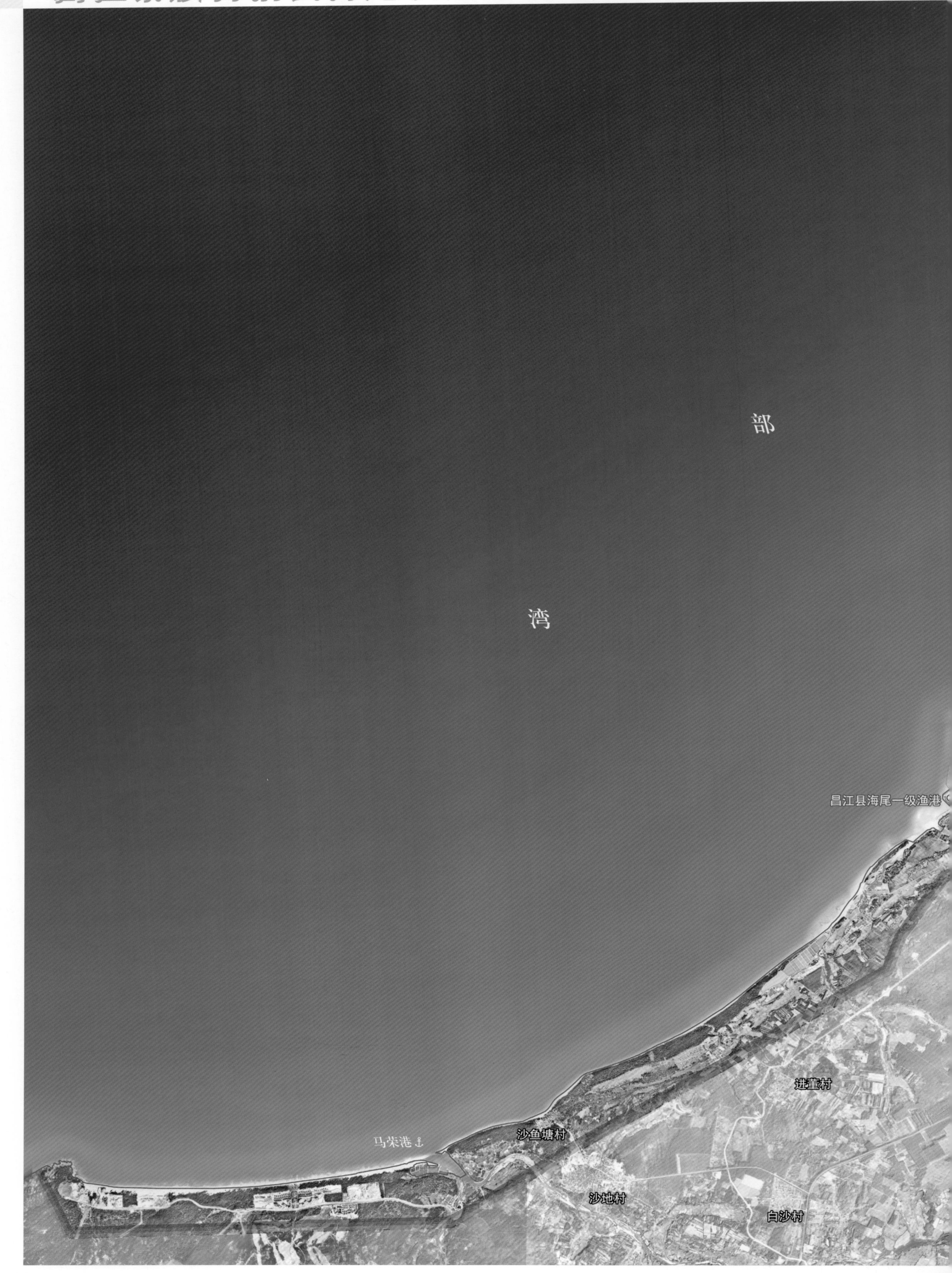

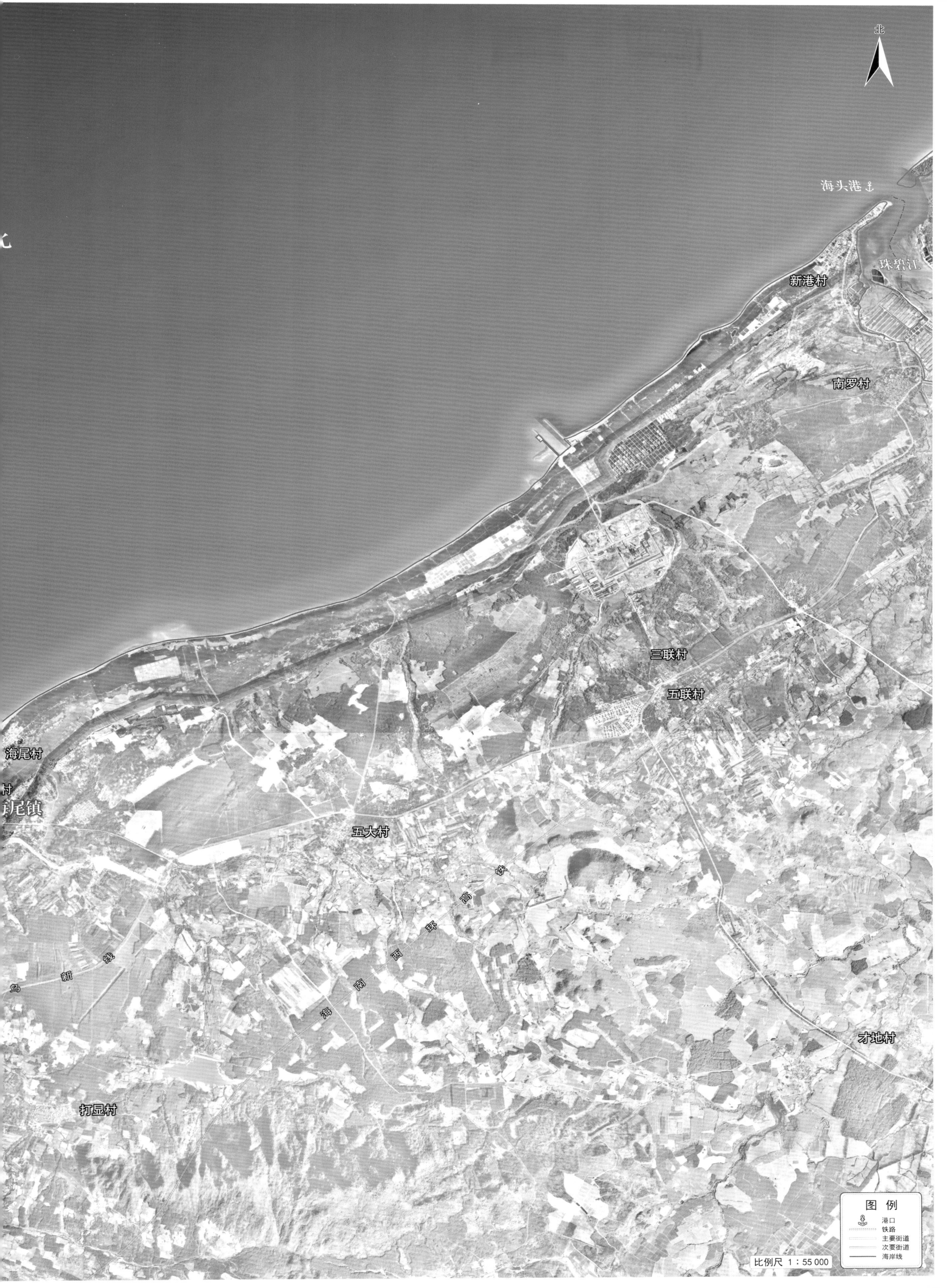
北
海头港
珠碧江
新港村
南罗村
三联村
五联村
海尾村
五大村
海南西环高铁
乌新线
才地村
打显村
图例
港口
铁路
主要街道
次要街道
海岸线
比例尺 1：55 000

儋州市白马井至峨蔓镇近岸海域（2017年8月无人机遥感影像）

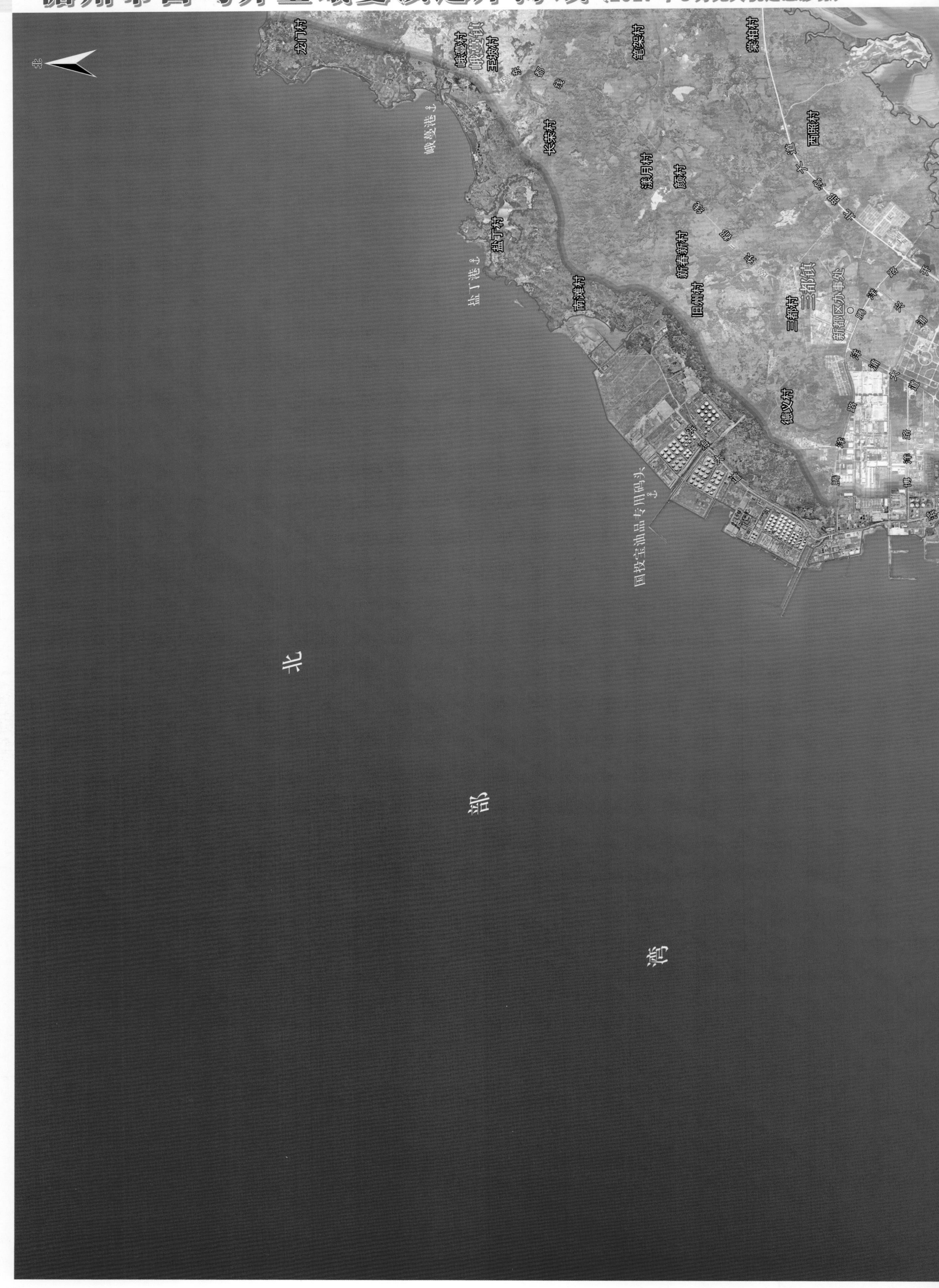

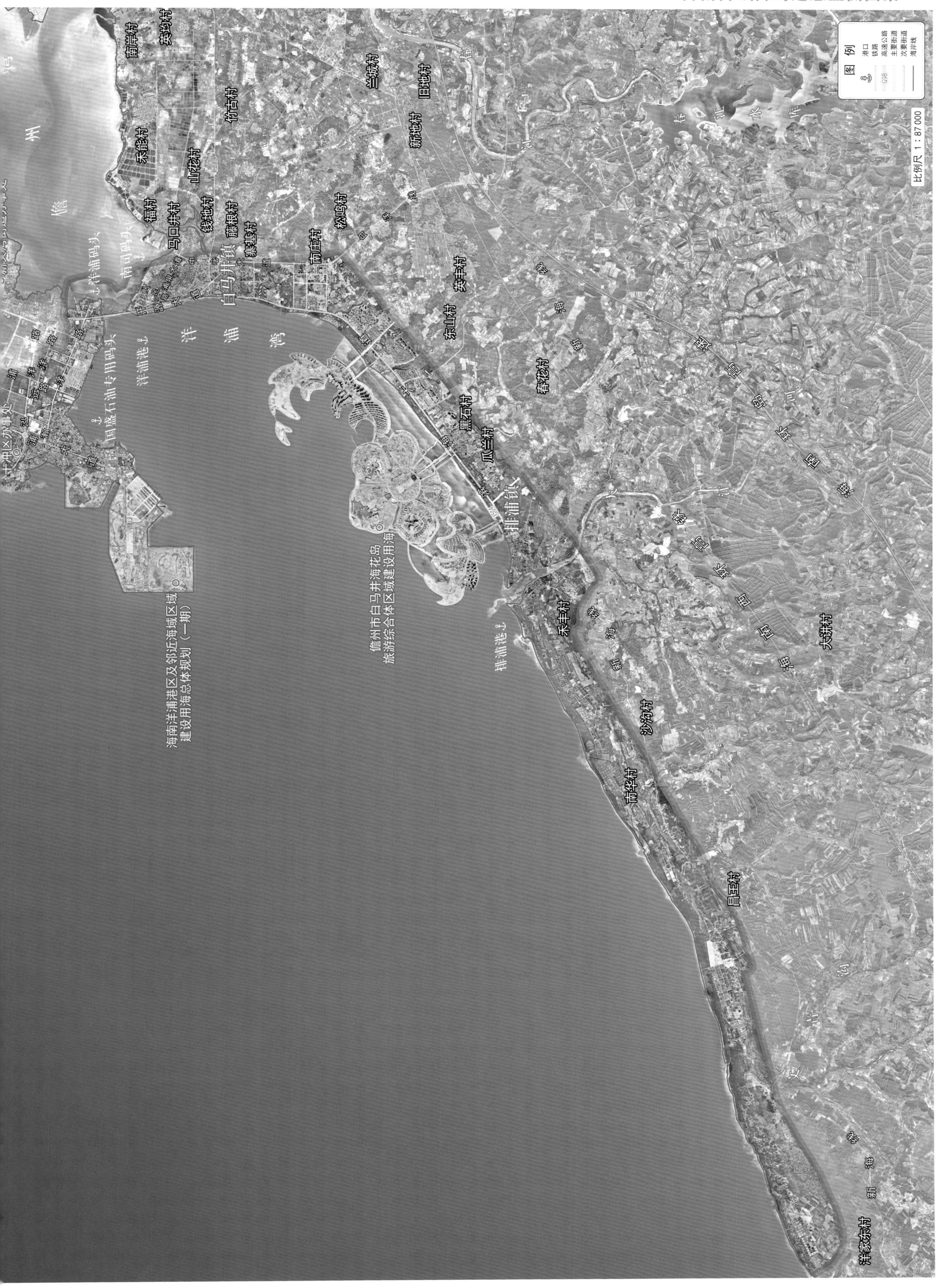
图例
港口
铁路
高速公路
主要街道
次要街道
海岸线
比例尺 1：87 000
南岸村
英均村
禾能村
竹古村
山花村
兰城村
旧地村
新地村
福村
马口井村
钱地村
藤根村
寨基村
白马井镇
南庄村
松鸣村
英丰村
东山村
春花村
黑石村
爪兰村
排浦镇
禾丰村
沙沟村
南华村
昌王村
大拱村
洋家东村
洋浦湾
洋浦港
排浦港
洋浦码头
南司码头
国盛石油专用码头
儋州市白马井海花岛旅游综合体区域建设用海
海南洋浦港区及邻近海域区域建设用海总体规划（一期）

洋浦经济开发区近岸海域（2015年11月无人机遥感影像）

新英湾街道办事处
干冲区办事处
洋浦经济开发区地方税务局
洋浦经济开发区海事局
洋浦公安局
金海岸冷冻专用码头
洋浦港
洋浦港口岸
洋浦码头
洋浦港口
海南洋浦港区及邻近海域区域
建设用海总体规划（一期）
洋浦湾
马口井村
白马井镇
寨基村
南庄村
图例
港口
主要街道
次要街道
海岸线
比例尺 1：33 000

北
后 水 湾
巨雄村
顿积港
屯积村
图 例
港口
主要街道
次要街道
海岸线

朗英村
新盈镇
新兴村
新盈汽车站
新盈村
仓米村
洋所村
安全村
和贵村
良爱村
头咀村
头咀港
彩桥村
比例尺 1：27 000

临高县后水湾近岸海域（2017年8月无人机遥感影像）

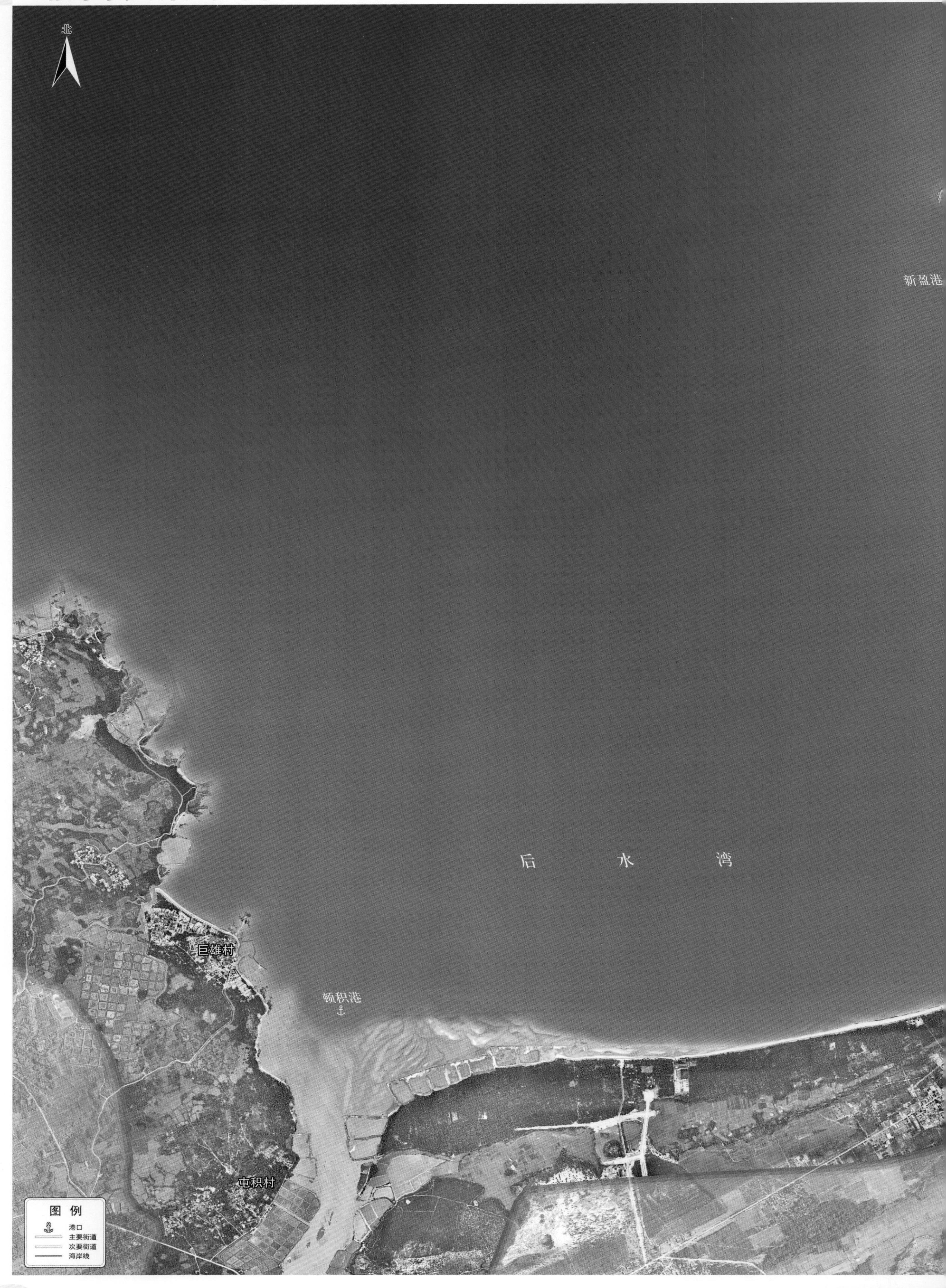

朗英村
新盈镇
新兴村
规划大道
新盈汽车站
新盈村
仓米村
和新线
洋所村
安全村
和贵村
良爱村
头咀村
头咀港
新线
彩桥村
比例尺 1：27 000

澄迈县马村港近岸海域（2015年11月无人机遥感影像）

北
火电厂码头
马村港
海南中海油码头有限公司
马村居委会
马村边防派出所
老
马
线
马村渡口
土
湾
马岛
殖场
马白山将军纪念园
文音村
比例尺 1：19 000

澄迈县花场湾近岸海域（2017年8月无人机遥感影像）

北
湾
火电厂码头
马村港
马村
石联村
马村居委会
海南中海油码头有限公司
老马线
马村边防派出所
马村渡
金马大道
马岛
马白山将军纪念园
文音村
大丰村
五村
村
铁
海南西环高速公路
海南环岛高铁
比例尺 1：30 500

澄迈县盈滨半岛近岸海域（2014年5月无人机遥感影像）

荣山村
拨南村
丰盈村
海南东环高铁
海南东环高铁
道
干
速
快
海榆西线
西海滨路
大道村
美儒村
老城居委会
老城镇
才吉村
线
马
比例尺 1：22 000

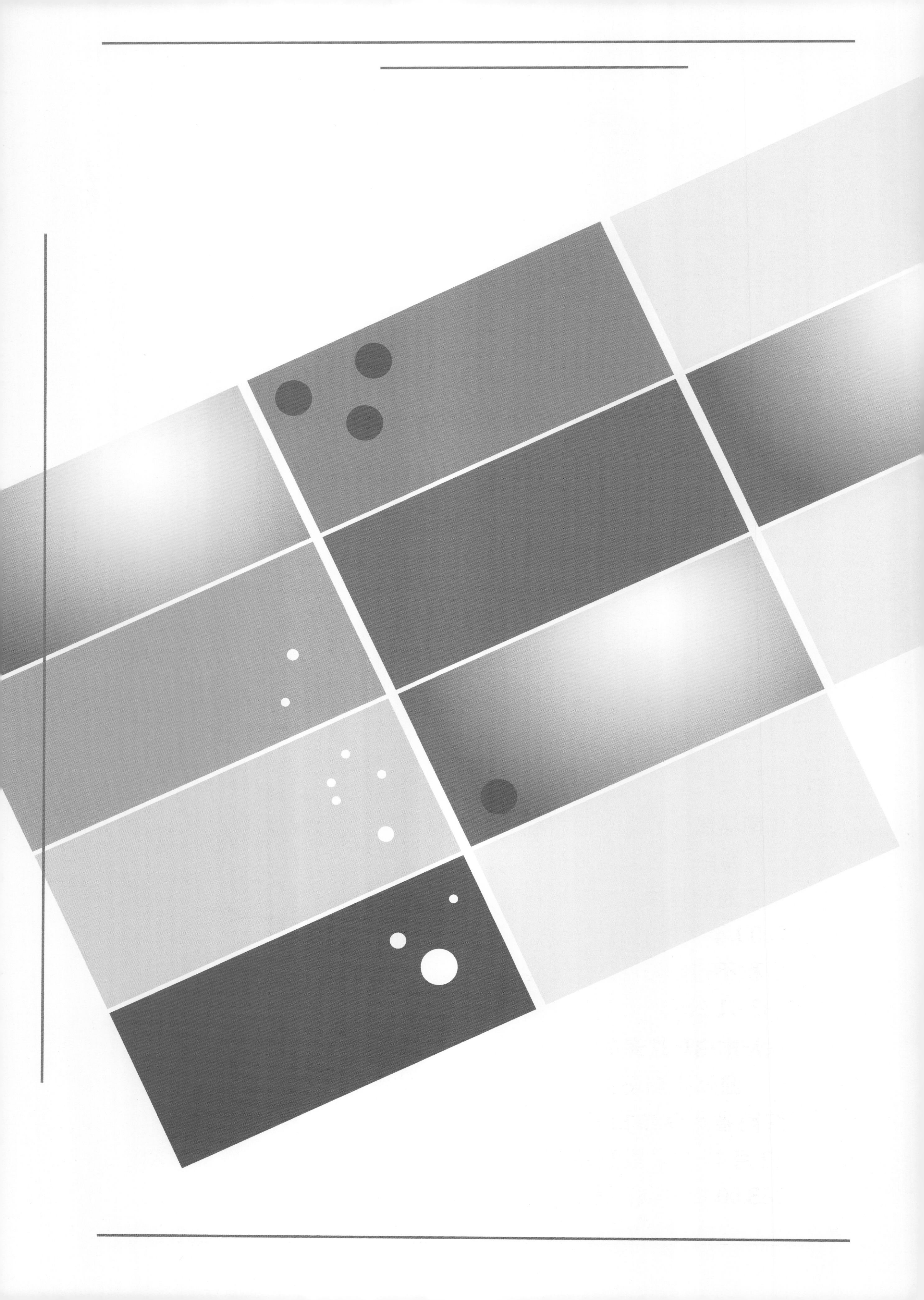

重点区域规划用海

海南洋浦港区及邻近海域区域建设用海总体规划（一期）

海南洋浦港区及邻近海域区域建设用海总体规划（一期）位于海南省洋浦经济开发区小铲滩附近海域，规划批准日期为2009年7月7日，批复用海总面积1161.19公顷，其中填海面积不得超过767.58公顷，港口港池及回旋水域用海面积为393.61公顷。

儋州市白马井海花岛旅游综合体区域建设用海规划

儋州市白马井海花岛旅游综合体区域建设用海规划位于海南省儋州市白马井镇附近海域，规划批准日期为2012年12月14日，批复用海总面积792.6347公顷，其中填海造地783.0032公顷，透水构筑物跨海桥梁用海9.6315公顷。

海南洋浦港区及邻近海域区域建设用海（2014年4月无人机遥感影像）

比例尺 1：30 000
洋浦港口
洋浦港口岸
洋浦港
国盛石油专用码头
洋浦公安局
干冲边防派出所
干冲区办事处
洋浦经济开发区地方税务局
新英湾街道办事处
海南炼化
海南汉地阳光石油化工有限公司
海南洋浦港区及邻近海域区域建设用海总体规划（一期）
湾
图例
港口
主要街道
次要街道
海岸线

海南洋浦港区及邻近海域区域建设用海（2015年4月无人机遥感影像）

比例尺 1 : 42 000
儋州湾
洋浦湾
南司码头
人民医院
白马井镇
洋浦港口
洋浦港
国盛石油专用码头
海南国盛石油有限公司洋浦公司
洋浦海事基地
洋浦经济开发区海事局
洋浦经济开发区地方税务局
干冲区办事处
海南洋浦港区及邻近海域区域建设用海总体规划（一期）
图例
港口
主要街道
次要街道
海岸线

海南洋浦港区及邻近海域区域建设用海（2015年12月无人机通感影像）

儋州湾
新英湾街道办事处
洋浦经济开发区海事局
洋浦公安局
洋浦港口
洋浦港
洋浦湾
国盛石油专用码头
海南国盛石油有限公司洋浦分公司
洋浦经济开发区地方税务局
干冲区办事处
洋浦电厂
海南洋浦港区及邻近海域区域建设用海总体规划（一期）
湾
比例尺 1：42 000
图例
港口
主要街道
次要街道
海岸线

海南洋浦港区及邻近海域区域建设用海（2016年11月无人机遥感影像）

新英湾街道办事处
干冲区办事处
洋浦经济开发区地方税务局
洋浦经济开发区海事局
洋浦公安局
海南国盛石油有限公司洋浦分公司
国盛石油专用码头
洋浦港
洋浦港口
海南洋浦港区及邻近海域区域建设用海总体规划（一期）
洋浦电厂
马口井村
白马井镇
寨基村
南庄村
洋浦湾
图例
港口
主要街道
次要街道
海岸线
比例尺 1：42 000

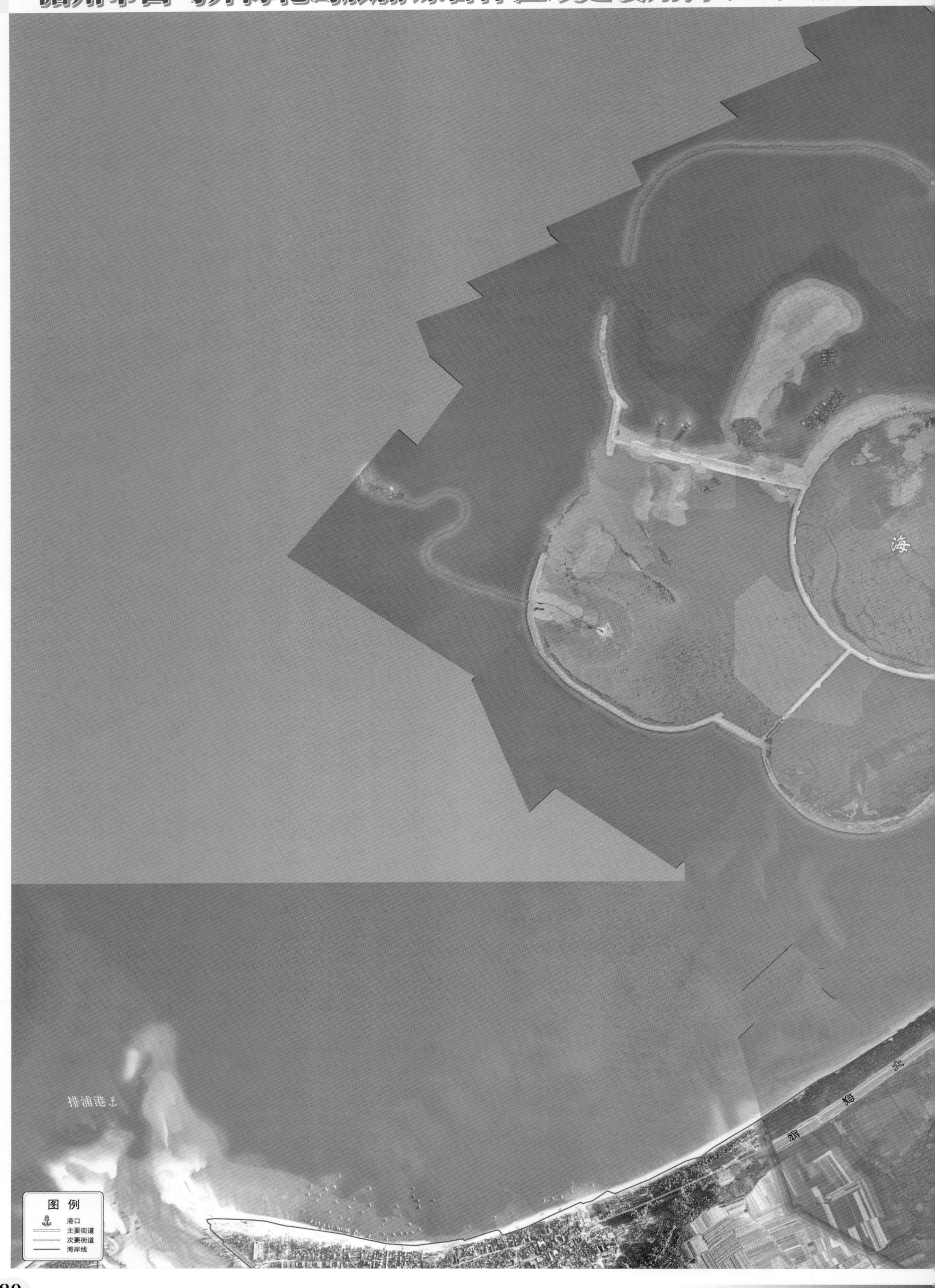
海
排浦港
滨
海
大
图 例
港口
主要街道
次要街道
海岸线

北
洋
浦
湾
恒大金碧天下
滨海一路
飞海路
中南西海岸
中南西海岸二期
滨海大道
黑石村
瓜兰村
比例尺 1：12 000

儋州市白马井海花岛旅游综合体区域建设用海（2014年4月无人机遥感影像）

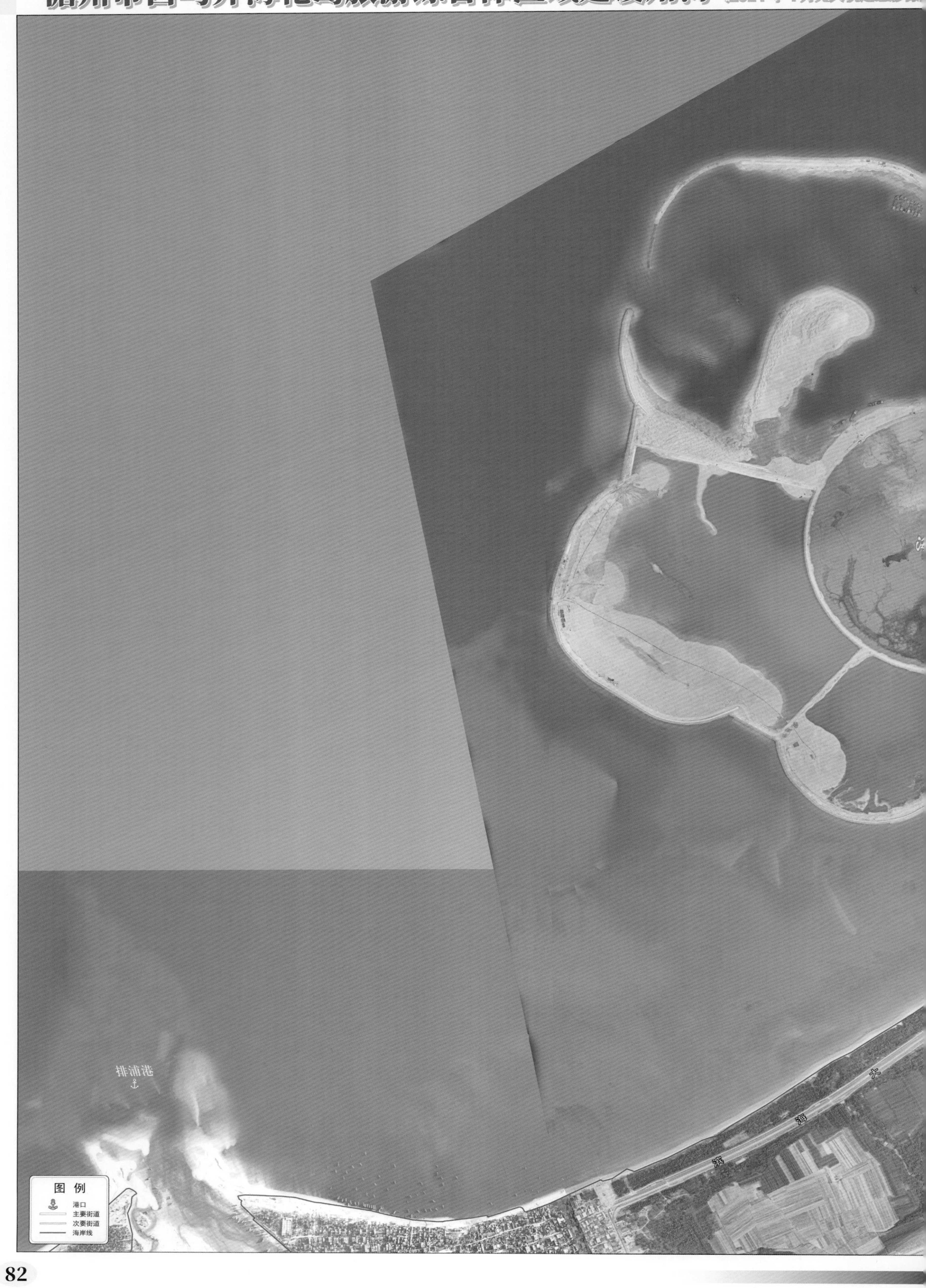

北
洋
浦
湾
岛
恒大金碧天下
滨海一路
中南西海岸
飞海路
中南西海岸二期
滨海大道
黑石村
瓜兰村
比例尺 1：12 000

儋州市白马井海花岛旅游综合体区域建设用海（2014年11月无人机遥感影像

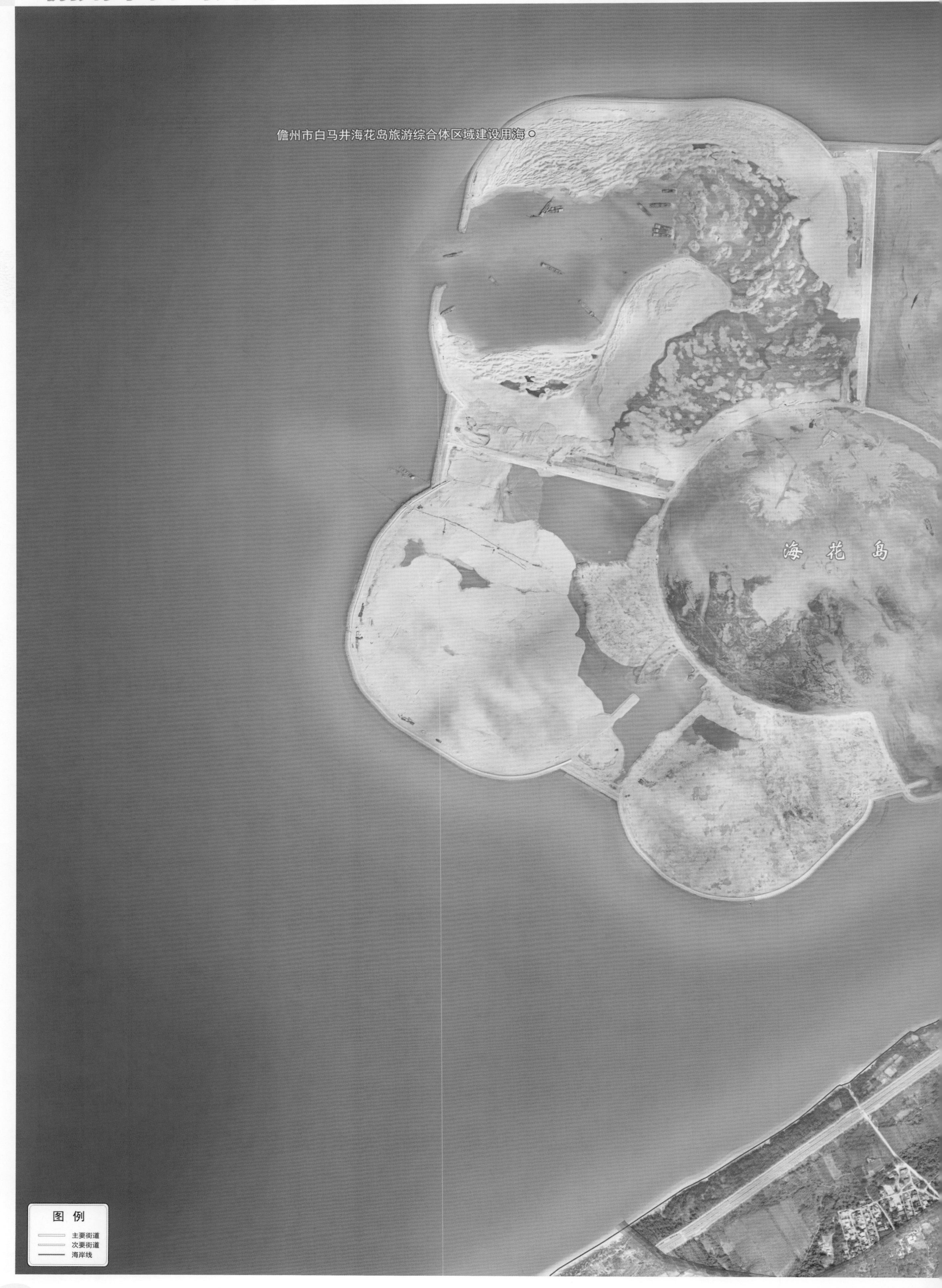

北
洋
浦
湾
中南西海岸
滨海大道
海大道
黑石村
村
比例尺 1：11 000

儋州市白马井海花岛旅游综合体区域建设用海（2015年4月无人机遥感影像）

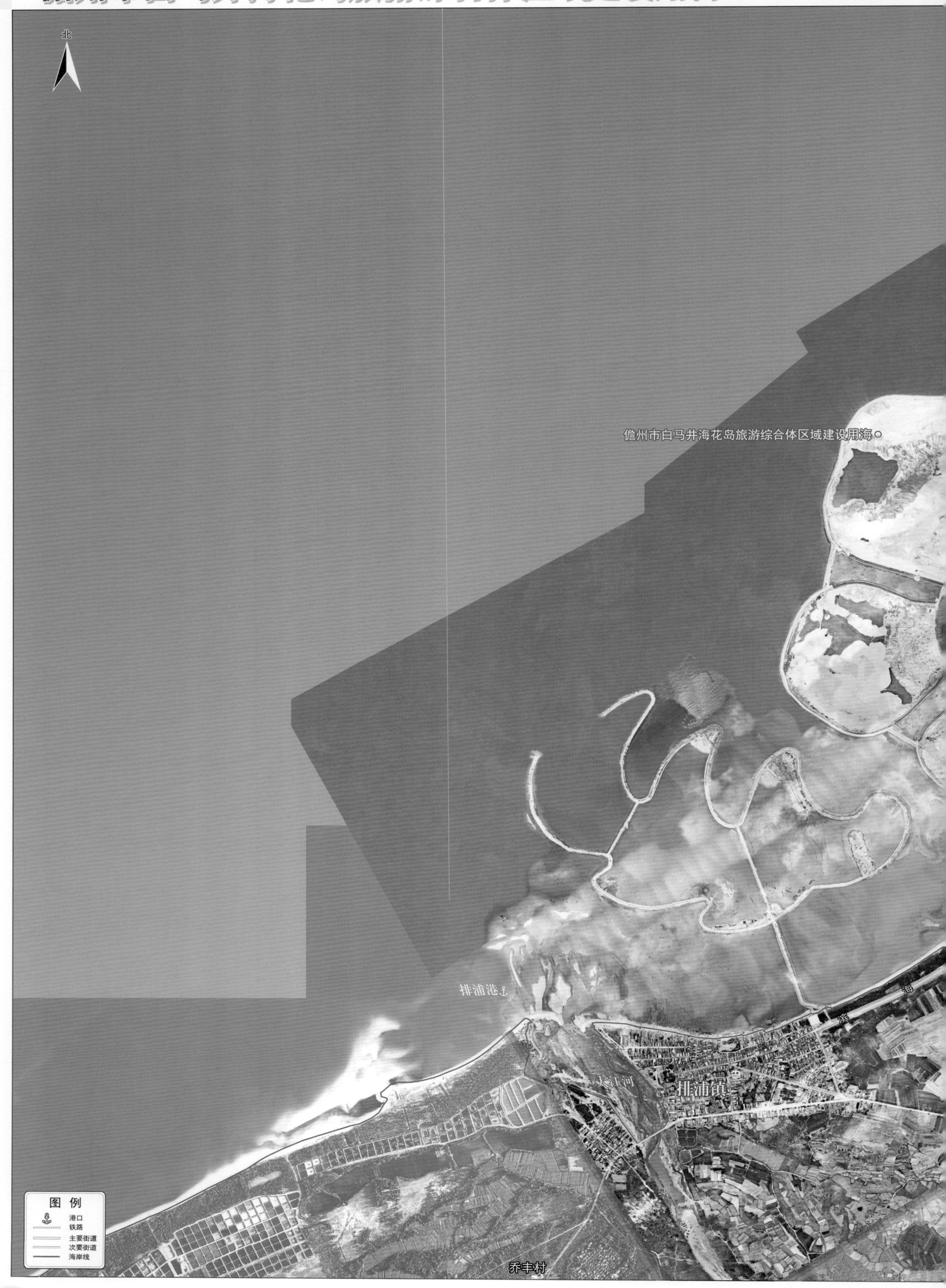

洋
浦
湾
中三横路
中二横路
西二横路
中一横路
花岛
中南西海岸
恒大金碧天下
中南西海岸二期
东山村
黑石村
瓜兰村
海南西环高铁
春花村
比例尺 1：20 000

儋州市白马井海花岛旅游综合体区域建设用海（2016年1月无人机遥感影像）

洋
浦
湾
寨基村
中视金海湾
中三横路
西二路
西一路
中二横路
西二横路
中一横路
重庆城
滨海大道
恒大
金碧天下
中南西海岸
海花岛
东山村
黑石村
瓜兰村
海南西环高铁
春花村
比例尺 1：20 000

儋州市白马井海花岛旅游综合体区域建设用海（2017年8月无人机遥感影像）

洋浦湾
怡心园
寨基村
中视金海湾
中二横路
西二横路
西一横路
中二横路
中一横路
重庆城
滨海大道
恒大·金碧天下
中南西海岸
东山村
海南西环高铁
海南环岛高速
春花村
比例尺 1：20 000

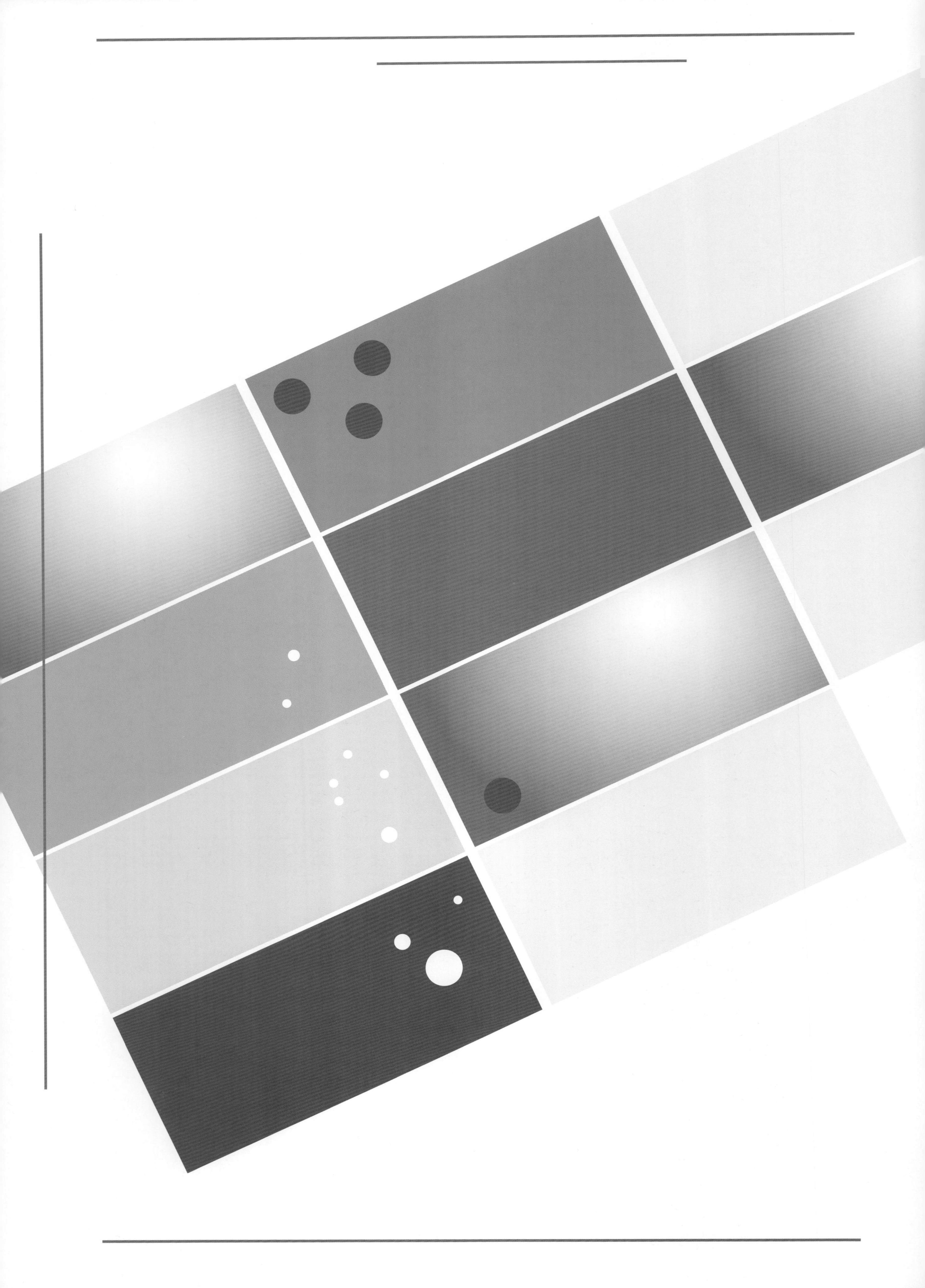

重点用海项目

昌江县海尾一级渔港项目

昌江县海尾一级渔港项目位于昌江县海尾镇附近海域，用海类型为渔业用海。

琼海市潭门渔港填海造地（人工岛）工程项目

琼海市潭门渔港填海造地（人工岛）工程项目位于琼海市潭门镇日新村附近海域，用海类型为旅游娱乐用海。

海南万宁日月湾综合旅游度假区人工岛项目

海南万宁日月湾综合旅游度假区人工岛项目位于万宁市日月湾旅游度假区附近海域，用海类型为旅游娱乐用海。

石梅湾游艇会开发项目

石梅湾游艇会开发项目位于万宁市石梅湾海域，用海类型为旅游娱乐用海。

文昌市东郊椰林湾海上休闲度假中心围填海项目

文昌市东郊椰林湾海上休闲度假中心围填海项目位于文昌市东郊椰林附近海域，用海类型为旅游娱乐用海。

海南乐东县岭头一级渔港建设项目用海

海南乐东县岭头一级渔港建设项目用海位于乐东县尖峰镇海滨村附近海域，用海类型为渔业用海。

北
北　部　湾
图 例
主要街道
次要街道
海岸线

海尾村
海农村
海尾镇
比例尺 1：9 500

琼海市潭门渔港填海造地（人工岛）工程项目（2014年5月无人机遥感影像）

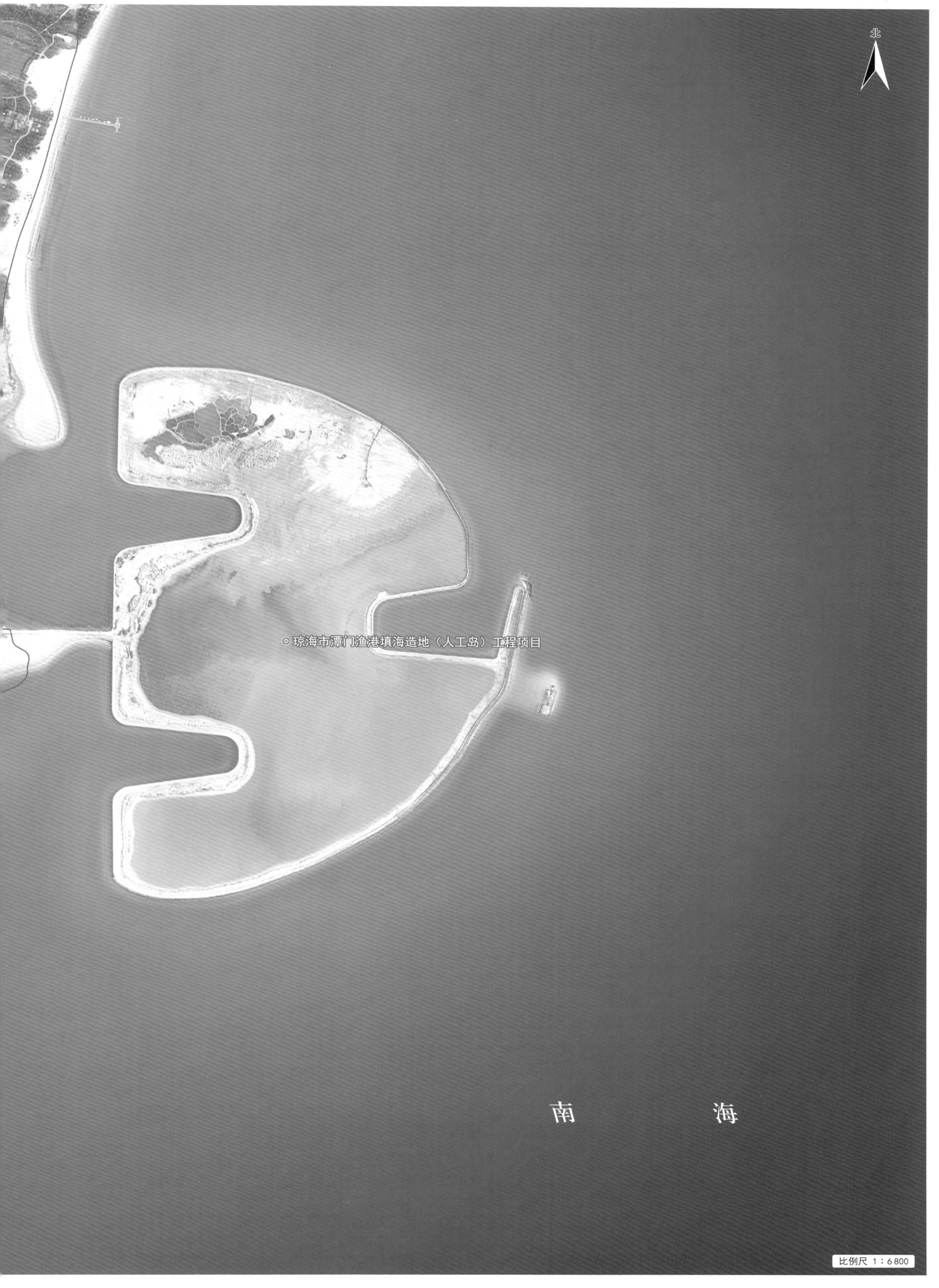
北
琼海市潭门渔港填海造地（人工岛）工程项目
南　　海
比例尺 1：6 800

琼海市潭门渔港填海造地（人工岛）工程项目（2017年8月无人机遥感影像）

北
琼海市潭门渔港填海造地（人工岛）工程项目
南 海
比例尺 1：6 800

海南万宁日月湾综合旅游度假区人工岛项目（2014年5月无人机遥感影像）

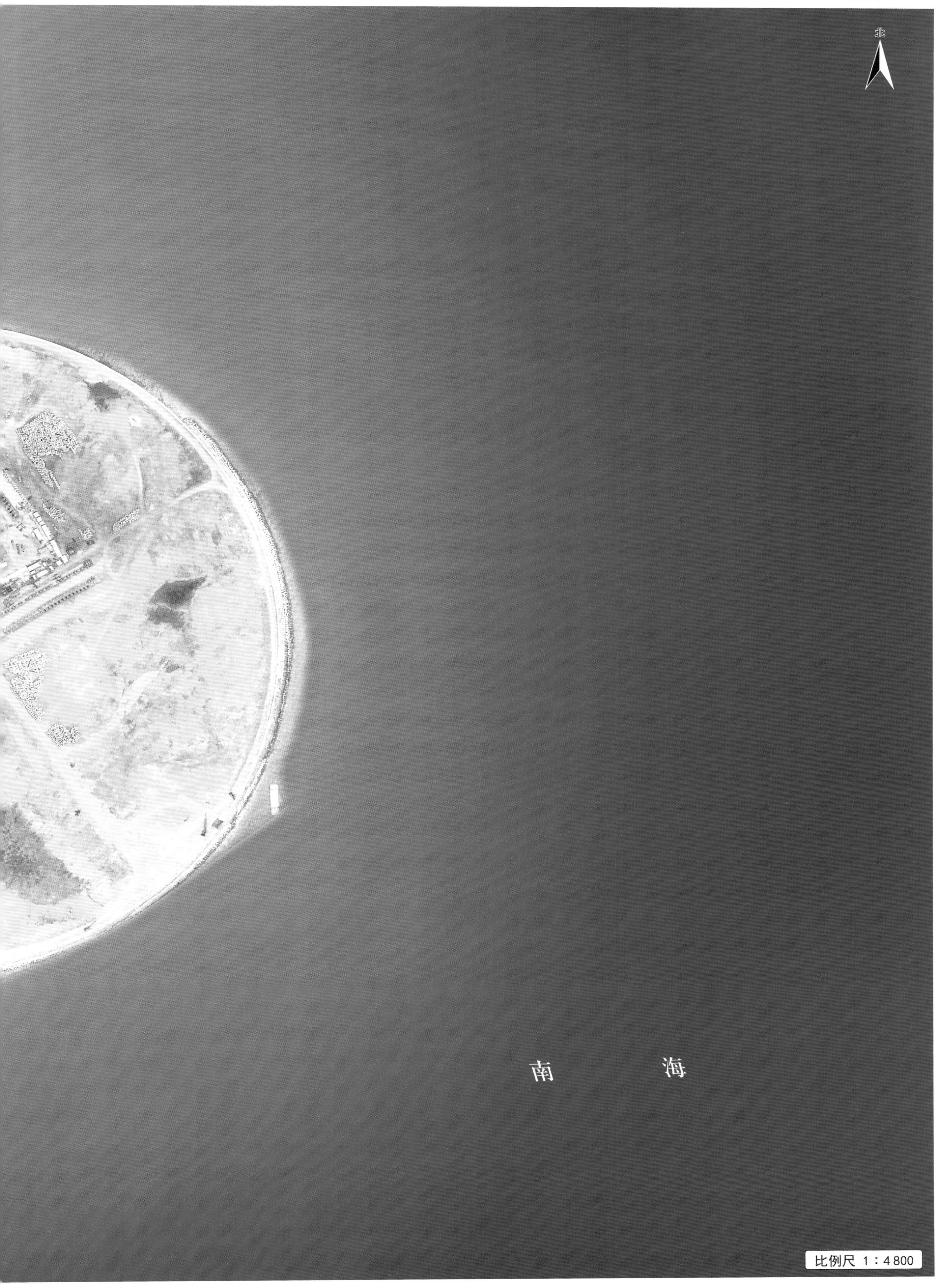
北
南 海
比例尺 1：4 800

海南万宁日月湾综合旅游度假区人工岛项目（2017年8月无人机遥感影像）

高速铁路
岛高速
田头港
海南万宁日月湾综合旅游度假区人工岛项目
日
月
南海
图例
港口
铁路
G98
高速公路
主要街道
次要街道
海岸线
比例尺 1：13 000

万宁石梅湾游艇会开发项目（2014年5月无人机遥感影像）

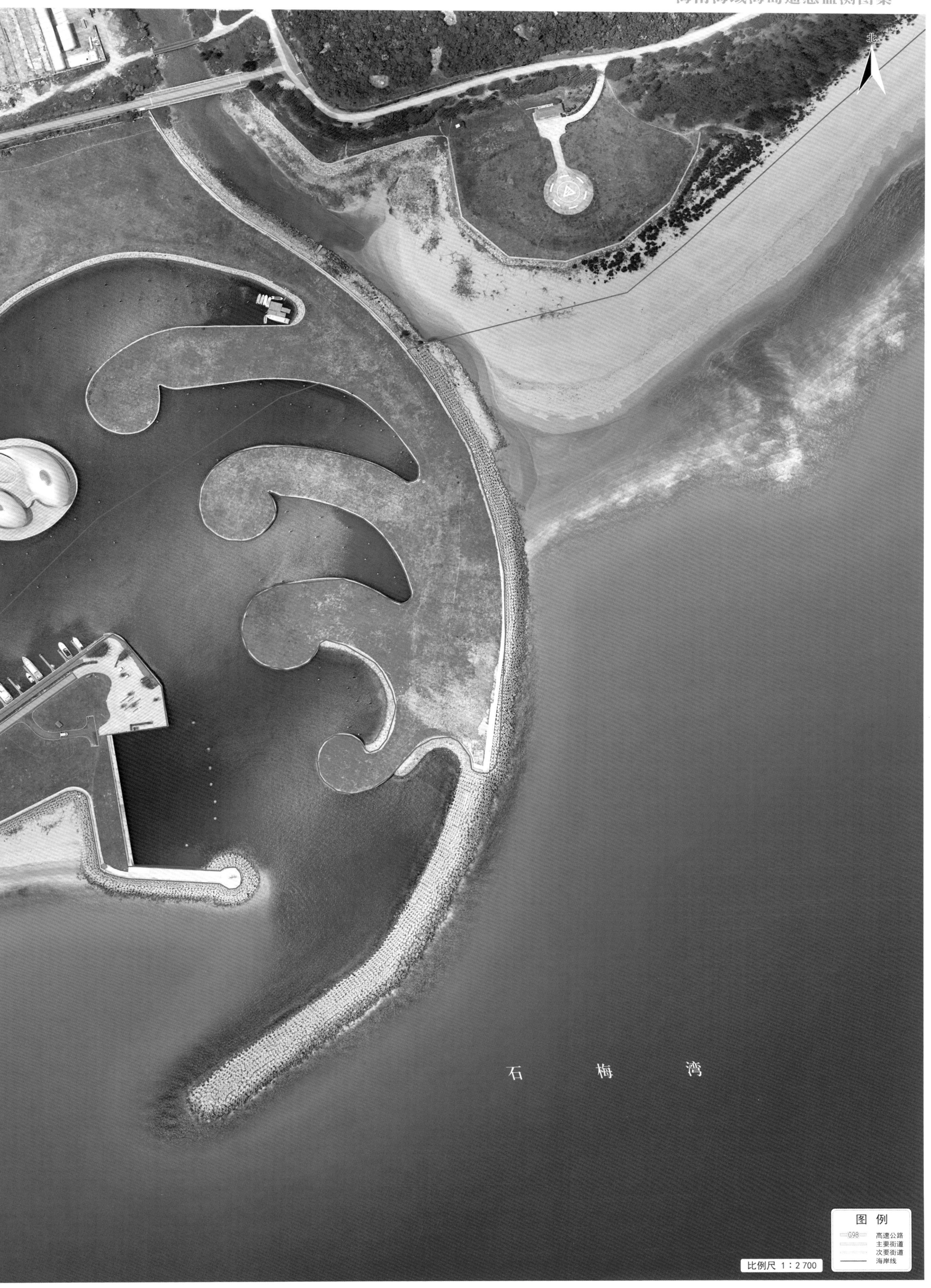
北
石　　梅　　湾
图例
G98 高速公路
主要街道
次要街道
海岸线
比例尺 1：2 700

文昌市东郊椰林湾海上休闲度假中心围填海项目（2014年5月无人机遥感影像）

北
椰 林 风 景 区
假村
邦 塘 湾
比例尺 1：5 200

海南省乐东岭头一级渔港建设项目用海（2015年11月无人机遥感影像）

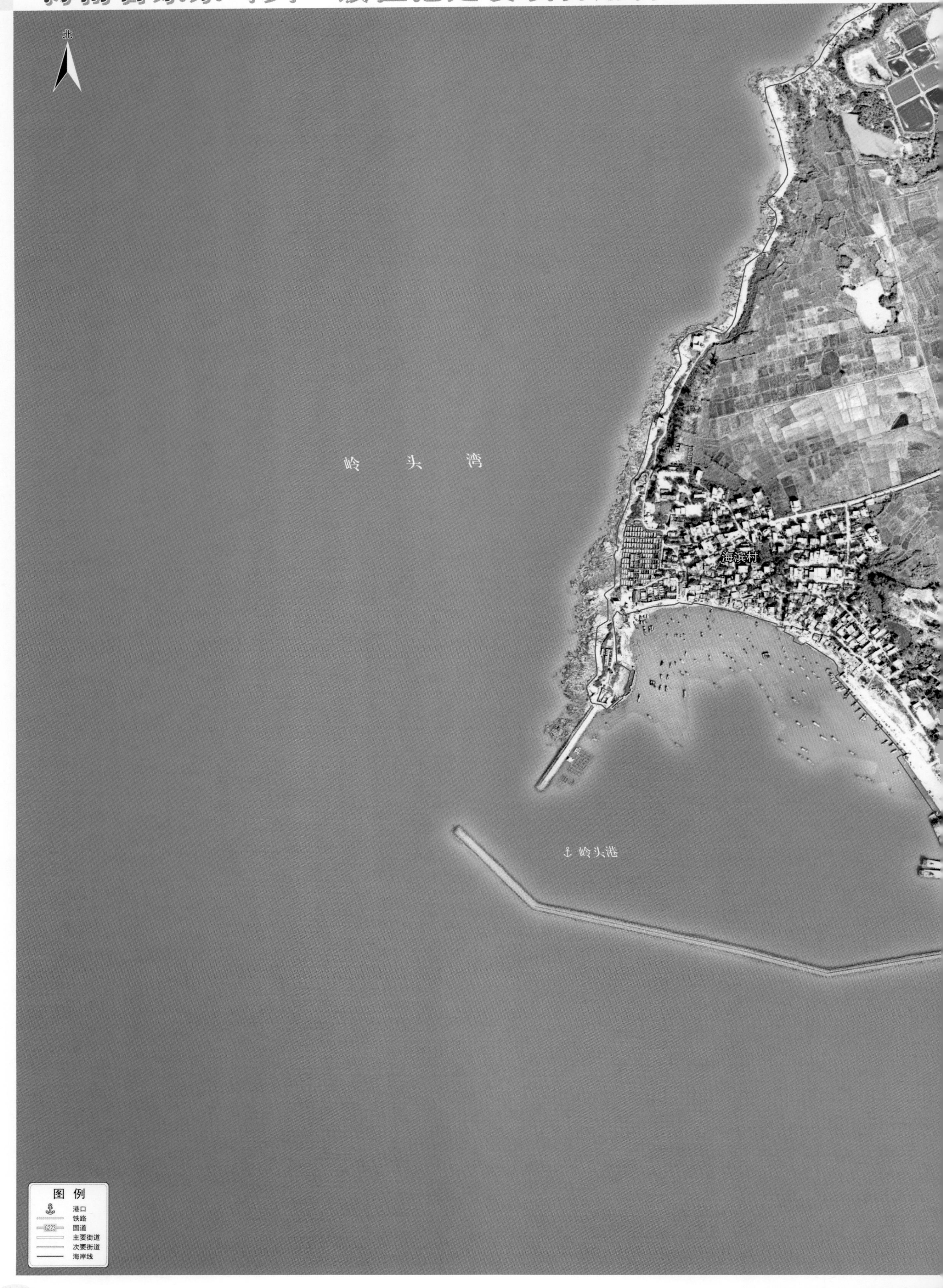

西线铁路
岭头村
海榆西线
西环高铁
沟
边
南
比例尺 1：77 000

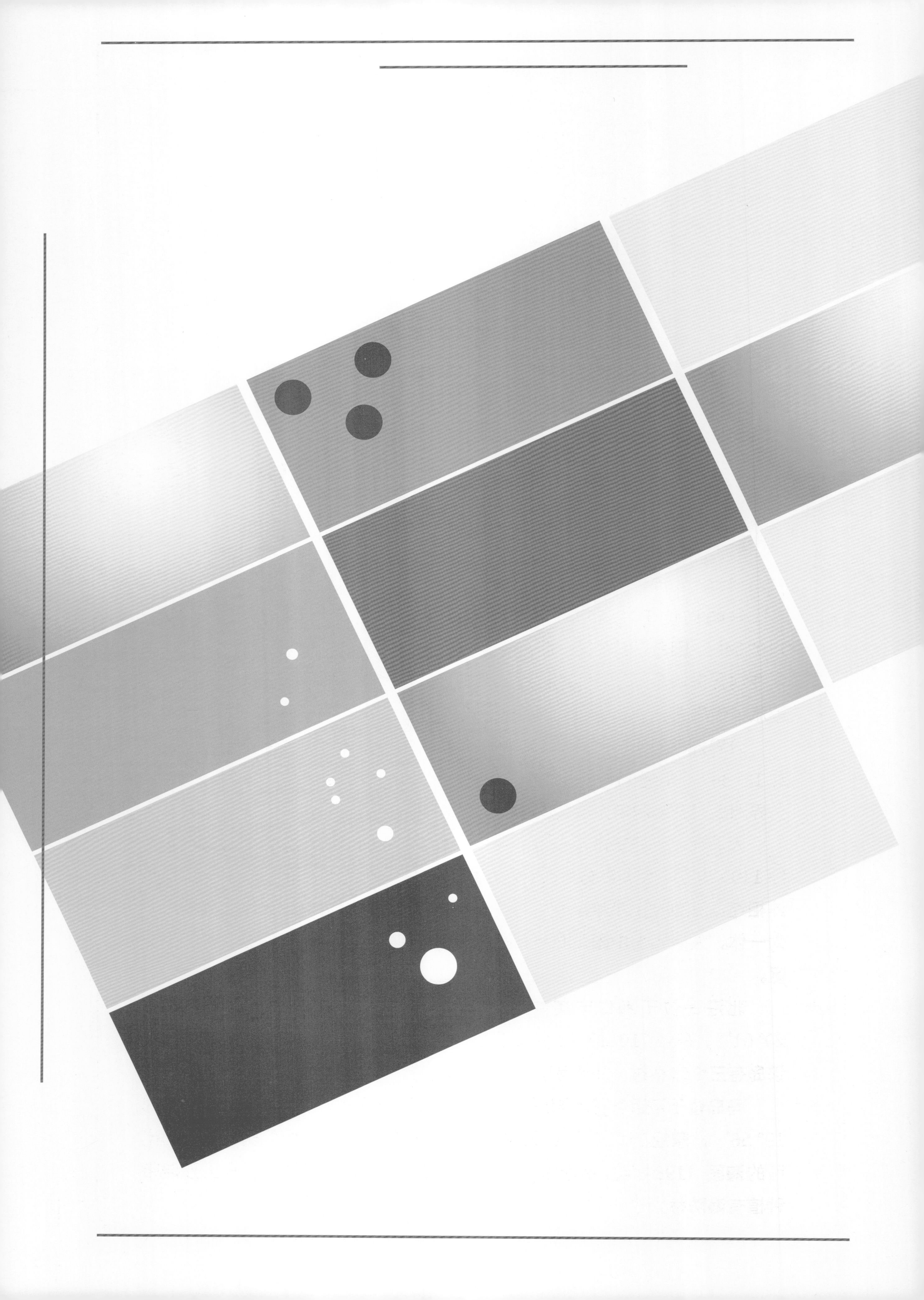

典型海岛

东屿岛位于琼海市博鳌镇，地理位置坐标为北纬 19° 08’，东经 110° 34’。因岛以其与陆上村庄之相对位置定名。东屿岛为“博鳌亚洲论坛”所在地，东屿岛已开发为旅游景点，岛上建有酒店、高尔夫球场、游客中心等旅游设施。

分界洲岛位于陵水黎族自治县与万宁市海域分界处，地理位置坐标为北纬 18° 34’，东经 110° 11’。因位于陵水县与万宁市海域分界处得名分界洲。分界洲岛已开发利用为旅游景点，岛上建有酒店、游艇码头等旅游设施。

大洲岛位于万宁市东澳镇东部海域，地理位置坐标为北纬 18° 39’，东经 110° 29’。大洲岛分为大岭和小岭两个岛。在两岭之间，有一条狭长沙滩相连，涨潮时，沙滩被海水淹没，两岭对峙，退潮时，沙滩显露把两岭连为一体。大洲岛为中国领海基点海岛，岛上建立了国家级海洋生态自然保护区。

北港岛位于海口市美兰区演丰镇近岸海域，地理位置坐标为北纬 20° 01’，东经 110° 33’。因岛北部有一水深约 10 米的港口名北港，故名。该岛有三个自然村，并建有学校、医院等。

马岛位于澄迈县花场湾近岸海域，该岛为陆连岛，地理位置坐标为北纬 19° 56’，东经 110° 00’。根据中国人民解放军海军司令部航行保证部出版的海图（1984 年）中标注的名称为马岛。岛上建有养殖塘，岛上沙滩带种植有海防林。

琼海市东屿岛（2015年11月无人机遥感影像）

东屿岛：

东屿岛位于琼海市博鳌镇，地理位置坐标为北纬19° 08'，东经110° 34'。因岛以其与陆上村庄之相对位置定名。东屿岛为“博鳌亚洲论坛”所在地，东屿岛已开发为旅游景点，岛上建有酒店、高尔夫球场、游客中心等旅游设施。

分界洲岛：

分界洲岛位于陵水黎族自治县与万宁市海域分界处，地理位置坐标为北纬 18° 34’，东经 110° 11’。因位于陵水县与万宁市海域分界处得名分界洲。分界洲岛已开发利用为旅游景点，岛上建有酒店、游艇码头等旅游设施。

图例
主要街道
次要街道
领海基线

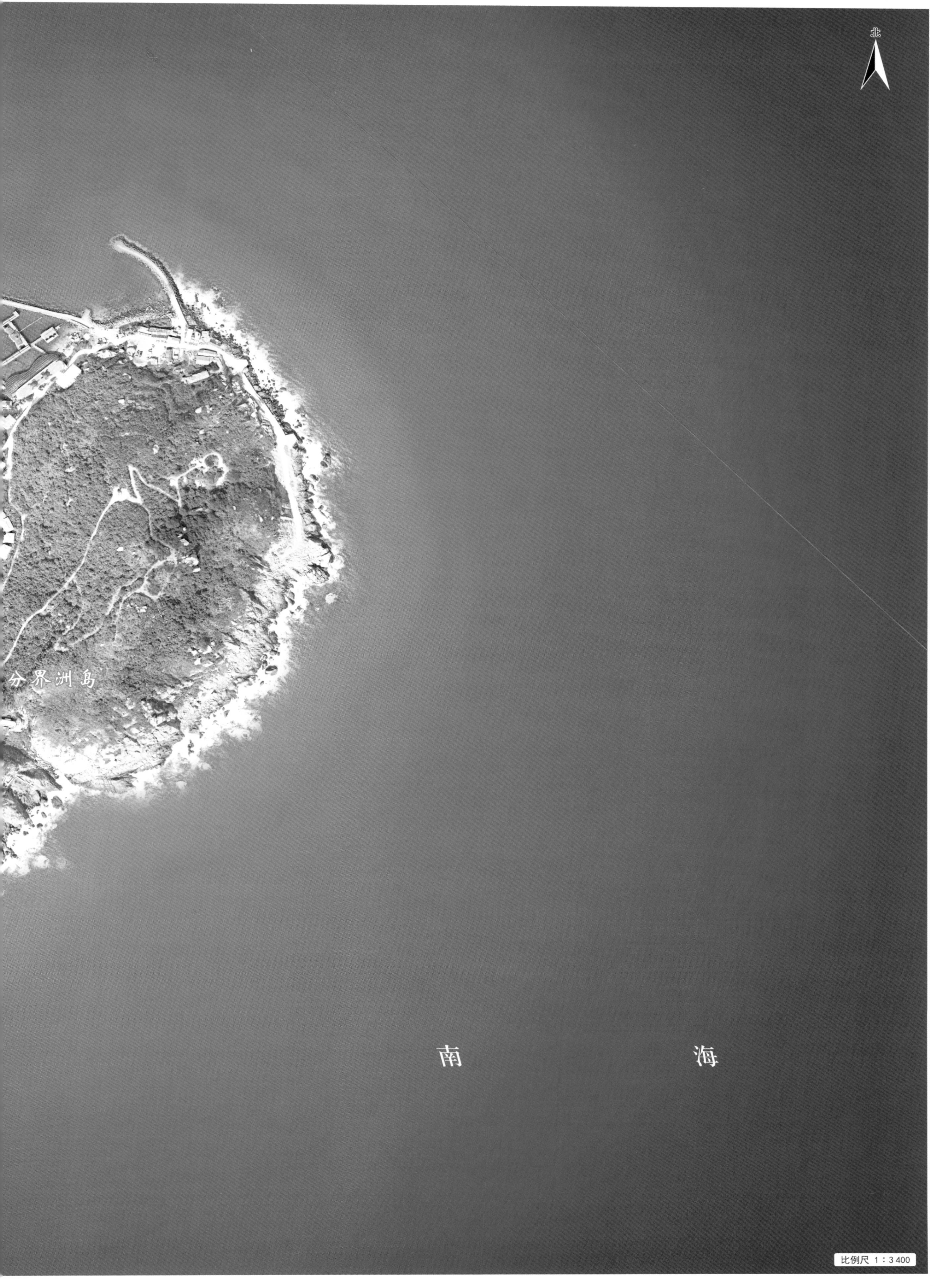
北
分界洲岛
南
海
比例尺 1：3 400

陵水黎族自治县分界洲岛（2017年8月无人机遥感影像）

分界洲岛：

分界洲岛位于陵水黎族自治县与万宁市海域分界处，地理位置坐标为北纬 18° 34’，东经 110° 11’。因位于陵水县与万宁市海域分界处得名分界洲。分界洲岛已开发利用为旅游景点，岛上建有酒店、游艇码头等旅游设施。

图例

主要街道

次要街道

领海基线

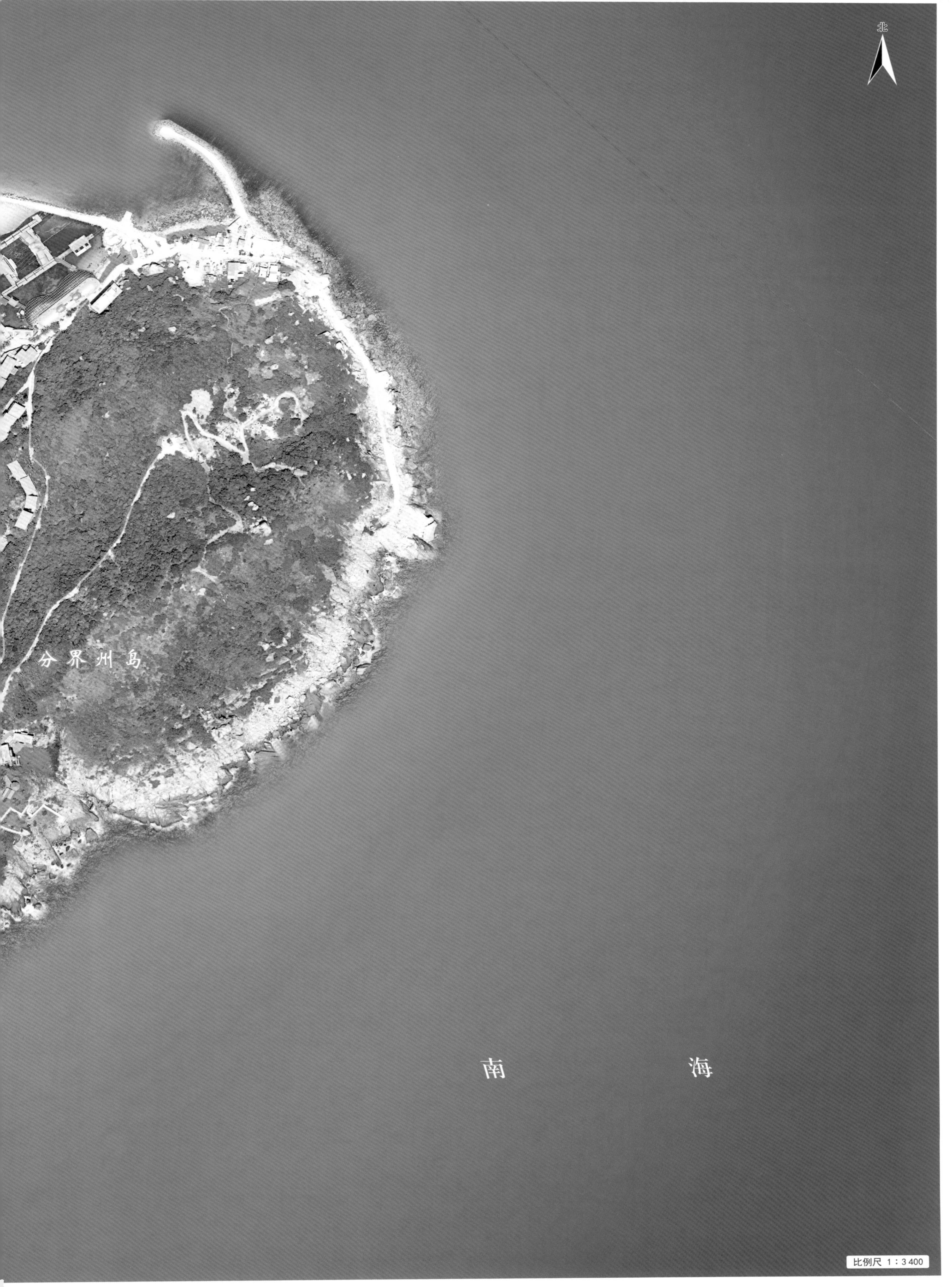
北
分界州岛
南 海
比例尺 1：3 400

万宁市大洲岛（2015年11月无人机遥感影像）

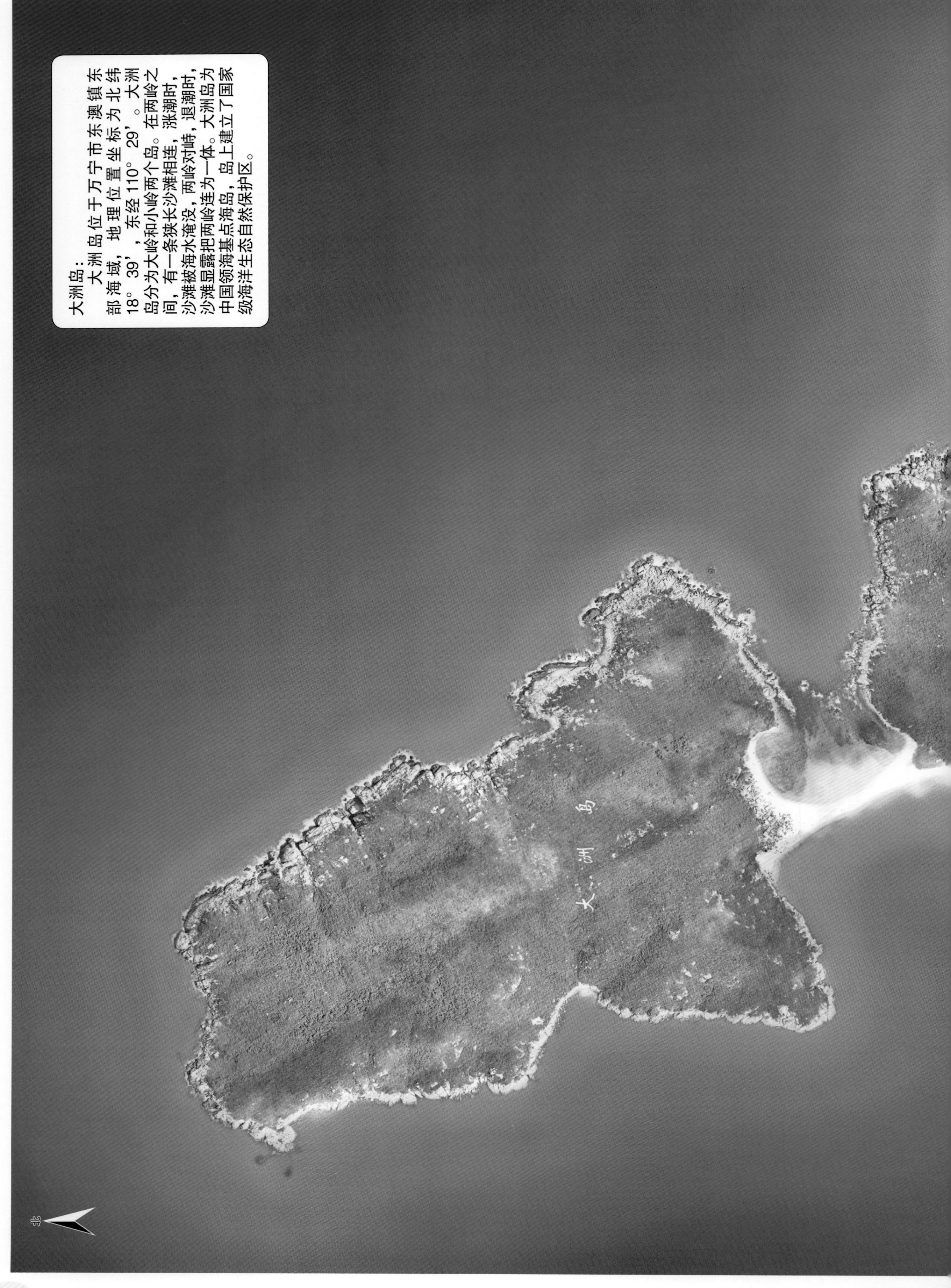

比例尺 1：9 700
南海
大洲岛
大岭
图例
港口
主要街道
次要街道
海岸线
领海基线

万宁市大洲岛（2017年8月无人机遥感影像）

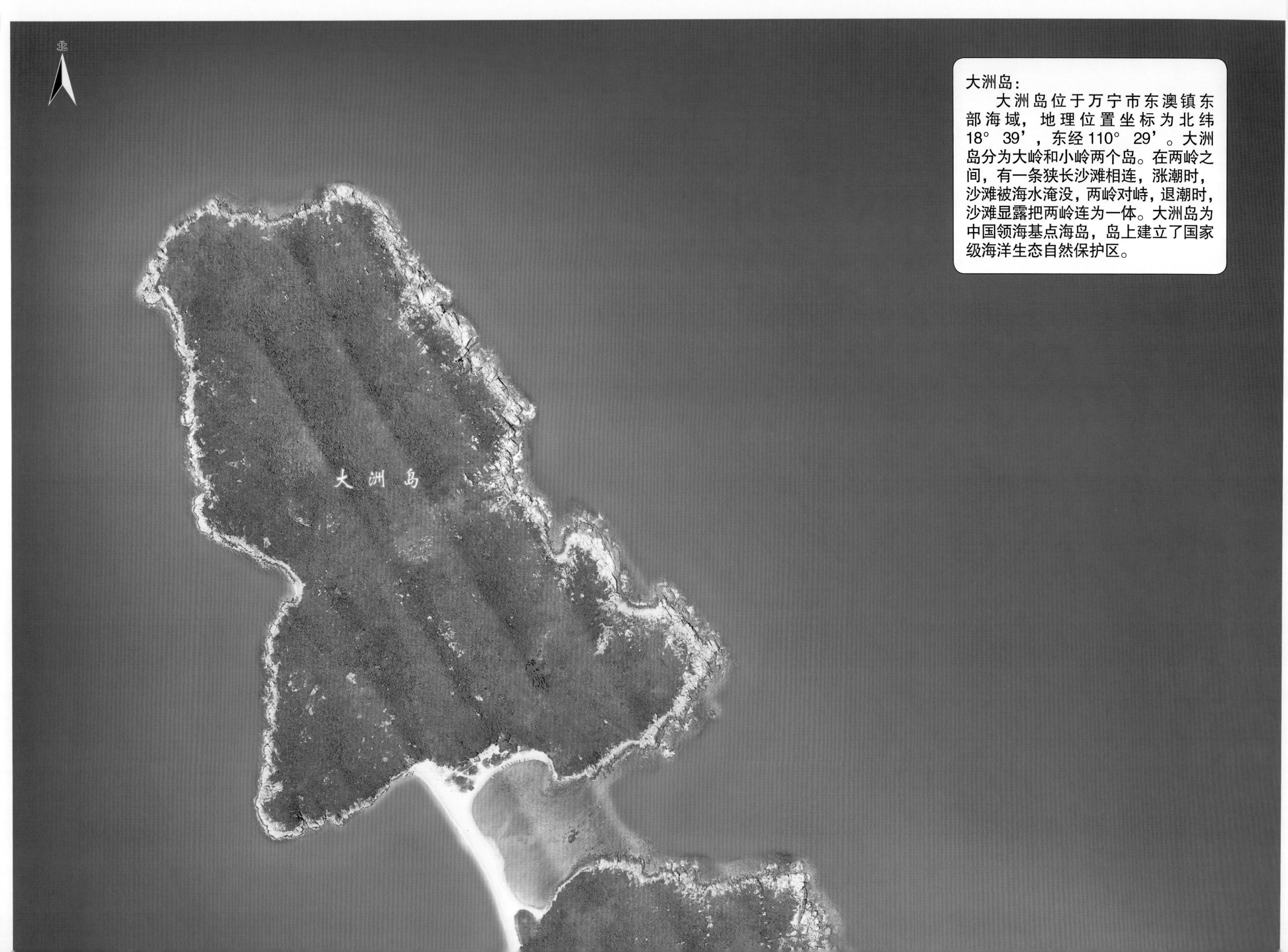

比例尺 1：9 700
南海
大洲岛
图例
港口
主要街道
次要街道
海岸线
领海基线

海口市北港岛（2014年8月无人机遥感影像）

湾
村
埠
新
至
铺
前
文昌市铺前医院
昌
新
街
胜
利
渔
华
铺渔村
街
街
铺前村
铺前港渡口
东澳镇
铺
东
街
铺港村
北港村渡口
北港村
比例尺 1：9 000

澄迈县马岛（2017年8月无人机遥感影像）

马岛:

马岛位于澄迈县花场湾近岸海域，该岛为陆连岛，地理位置坐标为北纬19° 56'，东经110° 00'。根据中国人民解放军海军司令部航行保证部出版的海图（1984年）中标注的名称为马岛。岛上建有养殖塘，岛上沙滩带种植有海防林。

北
火电厂码头
马村港
石联村
马村居委会
电厂路
全民路
老马线
S206
马村渡口
S317
金马大道
白山路
马岛
金马大道
比例尺 1：12 600

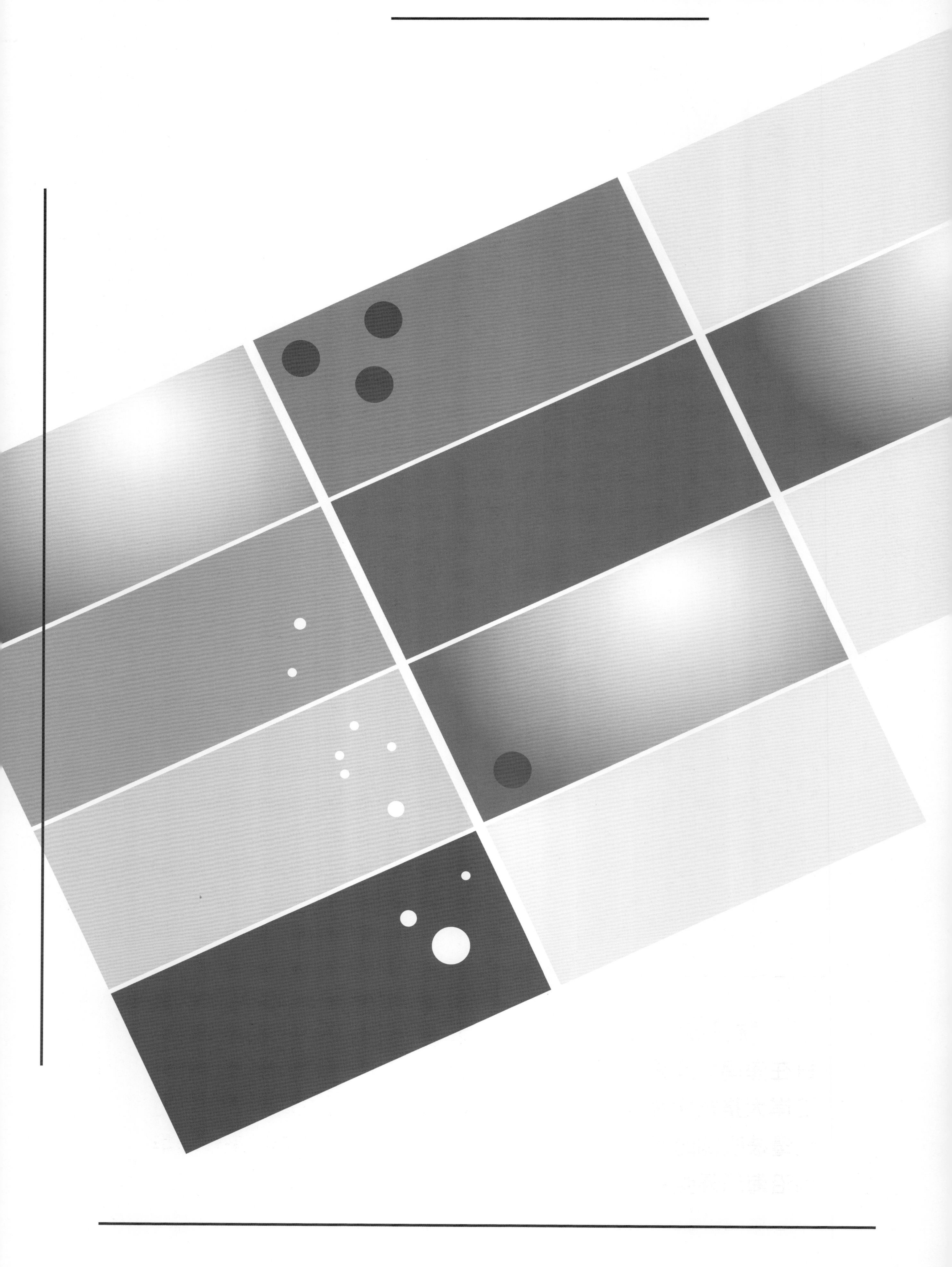

自然灾害

“威马逊”为 2014 年第 9 号超强台风，于 2014 年 7 月 18 日在海南省文昌市翁田镇登陆，登陆时中心附近风力达 17 级，沿岸大量树木被吹倒，房屋不同程度坍塌，影像中灰色区域为大量被吹倒的死亡树木。“威马逊”成为自 1973 年以来登陆华南沿海的最强台风。

文昌市铺前镇近岸海域（2014年7月无人机遥感影像）

美港村
铺前湾
铺渔村
星华街
铺前村
铺前港渡口
铺前镇
铺东路
铺港村
北港村
北港村渡口
图例
港口
主要街道
次要街道
海岸线
比例尺 1：21 000

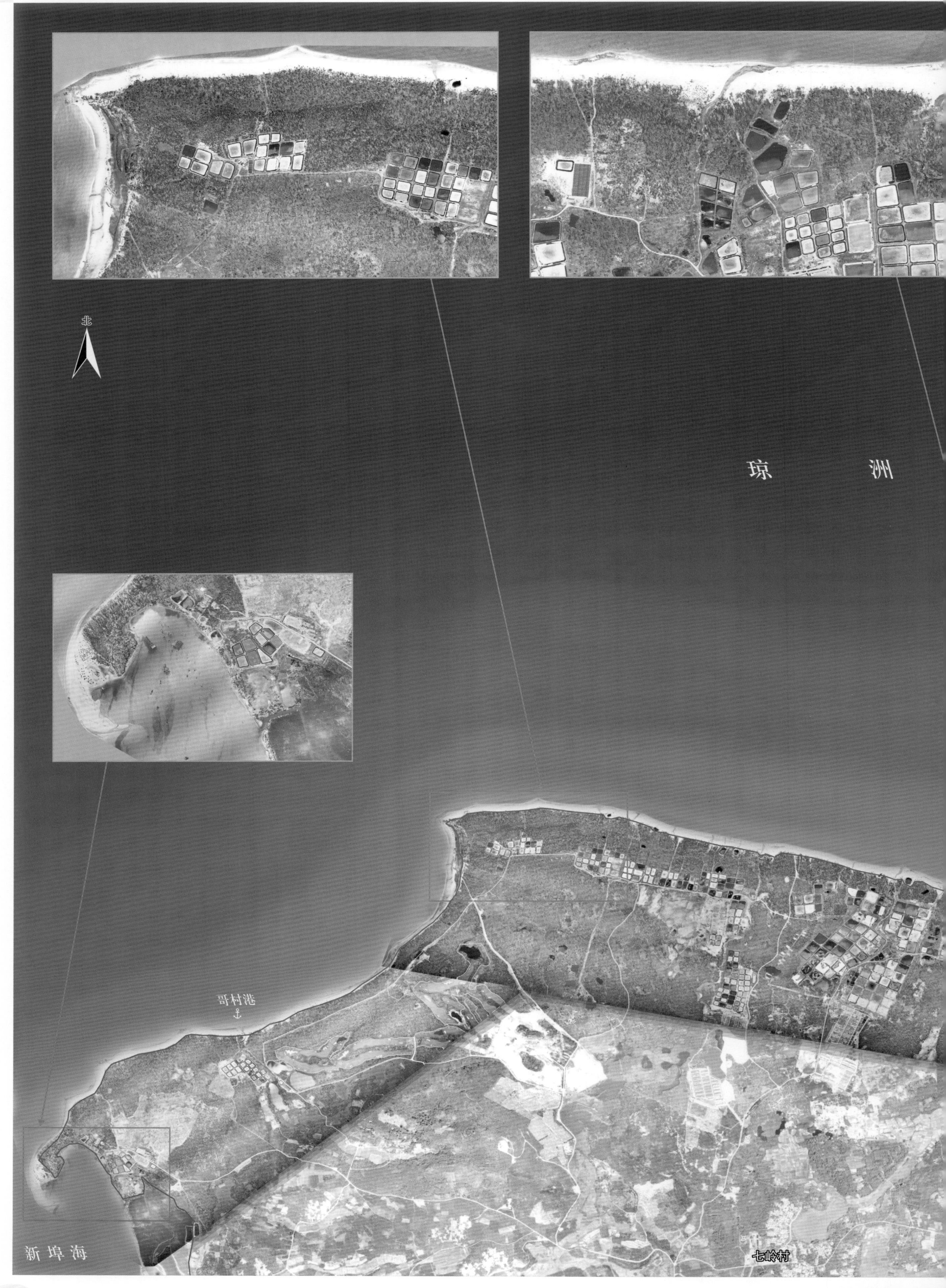

北
琼 洲
哥村港
新埠海
七岭村

木栏港
海
峡
荣塘
海门港
林梧村
图 例
港口
主要街道
次要街道
海岸线
比例尺 1：3 400

文昌市翁田镇北部近岸海域（2014年7月无人机遥感影像）

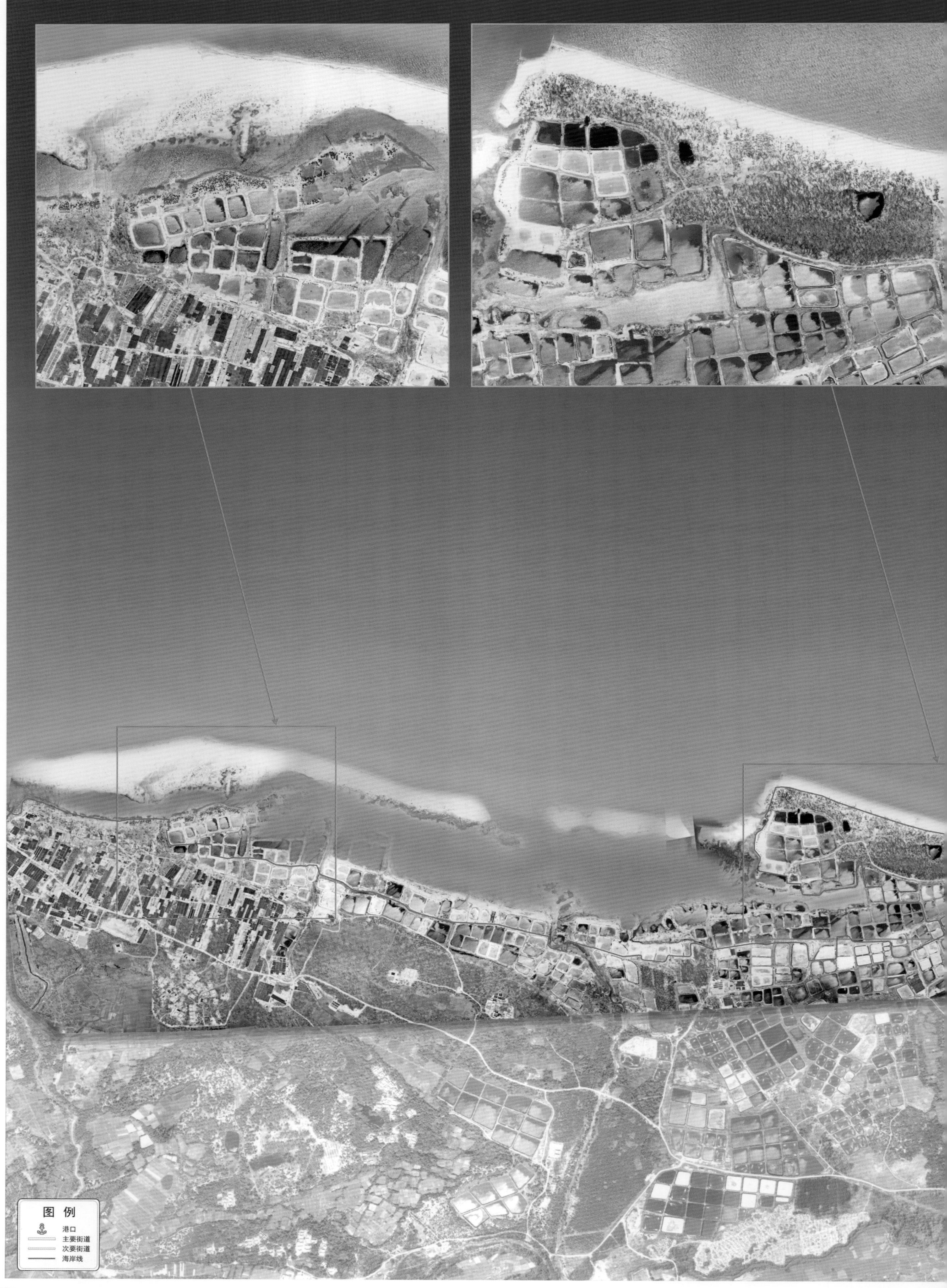

北
抱虎港
文昌市海水养殖场翁田生产组
比例尺 1：13 000

文昌市翁田镇东部近岸海域（2014年7月无人机遥感影像）

比例尺 1：24 000
葫芦港
博文村
图例
港口
主要街道
次要街道
海岸线

图书在版编目（CIP）数据

海南海域海岛遥感监测图集：2013—2017年 / 周涛，王衍，王同行主编 . -- 青岛：中国海洋大学出版社，2019.10

ISBN 978-7-5670-2106-8

Ⅰ . ①海… Ⅱ . ①周… ②王… ③王… Ⅲ . ①海域－海洋遥感－监测－海南－图集②岛－海洋遥感－监测－海南－图集 Ⅳ . ① P715.7-64

中国版本图书馆 CIP 数据核字 (2019) 第 256044 号

出 版 人　杨立敏
出版发行　中国海洋大学出版社有限公司
社　　址　青岛市香港东路23号
网　　址　http://pub.ouc.edu.cn
责任编辑　矫恒鹏
电　　话　0532-85902349
印　　制　青岛海蓝印刷有限责任公司
版　　次　2019年11月第1版
印　　次　2019年11月第1次印刷
成品尺寸　260mm×366mm
字　　数　528千
邮政编码　266071
电子信箱　2586345806@qq.com
订购电话　0532-82032573（传真）
印　　张　18.5
审 图 号　琼S（2019）037号
印　　数　1—1000
定　　价　298.00元